美丽之江文库——新型城镇化的浙江实践与理论创新丛书

浙江省社科规划课题（18NDJC032Z）成果

美丽城镇　台州实践

——浙江省台州市小城镇环境综合整治研究

Beautiful Towns, Taizhou Exploration：
Comprehensive Environmental Reconstruction Action of Small Towns in Taizhou

王岱霞　庞乾奎　毛丽云 等　著

U0390782

中国建筑工业出版社

图书在版编目（CIP）数据

美丽城镇　台州实践：浙江省台州市小城镇环境综合
整治研究／王岱霞，庞乾奎，毛丽云等著 .—北京：
中国建筑工业出版社，2019.12
（美丽之江文库 . 新型城镇化的浙江实践与理论创新丛书）
ISBN 978-7-112-24289-4

Ⅰ.①美… Ⅱ.①王… ②庞… ③毛… Ⅲ.①小城镇–城市
环境–环境综合整治–研究–台州 Ⅳ.①X321.255.3

中国版本图书馆 CIP 数据核字 (2019) 第 213281 号

　　全书分为9章：第1章、第2章为背景性分析，概述浙江省开展小城镇环境综合整治的政策背景和台州市小城镇整治的主要任务。第3章、第4章、第5章、第6章系统阐述台州市小城镇环境综合整治的内容、成效与工作机制，从环境卫生整治、城镇秩序整治、乡容镇貌整治、城镇治理四个维度归纳总结台州市小城镇环境综合整治的经验探索。第7章对台州市小城镇环境综合整治行动进行绩效评价，定量评估不同小城镇的需求差异性。第8章结合小城镇发展趋势与差异化需求，归纳未来台州市小城镇分化发展的主要类型与特征。第9章总结台州市小城镇环境综合整治行动的影响与启示，系统化地提出未来小城镇特色化发展、差异化供给的政策建议。

　　本书可供广大城乡规划与建设管理者、城乡规划师、城市设计师等学习参考。

责任编辑：吴宇江　朱晓瑜
责任校对：党　蕾

美丽之江文库——新型城镇化的浙江实践与理论创新丛书
美丽城镇　台州实践——浙江省台州市小城镇环境综合整治研究

王岱霞　庞乾奎　毛丽云　等　著
*
中国建筑工业出版社出版、发行（北京海淀三里河路9号）
各地新华书店、建筑书店经销
北京光大印艺文化发展有限公司制版
北京中科印刷有限公司印刷
*
开本：787×1092毫米　1/16　印张：13½　字数：244千字
2019年12月第一版　　2019年12月第一次印刷
定价：49.00元
ISBN 978-7-112-24289-4
（34796）

本著撰写顾问:

浙江省台州市小城镇环境综合整治行动领导小组办公室主任　王加潮

副主任　金　科　杨友德　刘建军

撰写单位:

浙江工业大学

浙江省台州市小城镇环境综合整治行动领导小组办公室

浙江工业大学之江学院建筑学院

杭州佰仕利建筑规划设计有限公司

主要著作人:

浙江工业大学: 王岱霞　陈前虎　司梦祺　潘　兵　楼佳飞

浙江省台州市整治办: 毛丽云　卓建华　牟文良　娄丹青　马逢林

　　　　　　　　　陈子华　方　鹰　蔡金鑫　梁　熠　林安

　　　　　　　　　张　鑫　张　弛　蒋学成

浙江工业大学之江学院建筑学院: 庞乾奎　邱　翔

杭州佰仕利建筑规划设计有限公司: 周志永　李静华　唐姝琴　倪　力

　　　　　　　　　　　　　　　陈　岑　李栋江　罗　林

丛书前言

自1978年改革开放以来，我国开始进入全球化时代的城市快速发展时期。截至2018年底，我国城镇化率达到59.58%。波澜壮阔的中国城镇化进程能否持续健康发展，正在三个层面影响着我们生活的这个星球：一是微观上，每个国民的生活环境与品质；二是中观上，中华民族的和平崛起与伟大复兴；三是宏观上，全球的合作与安宁。面对如此重大的全球性影响事件，新型城镇化自然成为我国的重大战略选择。

2012年，党的十八大明确提出"新型城镇化"和生态文明战略，指出城镇化是我国现代化建设的历史任务，同时也是扩大内需的最大潜力所在，要围绕提高城镇化质量，因势利导、趋利避害，积极引导城镇化健康发展；要构建科学合理的城市格局，大中小城市和小城镇、城市群要科学布局，与区域经济发展和产业布局紧密衔接，与资源环境承载能力相适应；要把有序推进农业转移人口市民化作为重要任务抓实抓好；要把生态文明理念和原则全面融入城镇化全过程，走集约、智能、绿色、低碳的新型城镇化道路。2017年，习近平总书记在党的十九大上进一步强调了生态文明的重要思想，指出："建设生态文明是中华民族永续发展的千年大计，必须树立和践行绿水青山就是金山银山的理念；坚定走生产发展、生活富裕、生态良好的文明发展道路，建设美丽中国，为人民创造良好生产生活环境，为全球生态安全作出贡献。"

改革开放以来，作为资源小省、创业大省的浙江，充分发挥体制机制优势，坚持走城乡统筹一体、三次产业互动、大中小城市与小城镇及新型农村社区协调发展、节约集约、生态宜居、互促共进的城镇化之路，逐步成为经济强省，为"新型城镇化"概念作了探索性的演绎和诠释。尤其是2003年以来，浙江省坚定不移沿着习近平总书记指引的"八八战略"道路，以"千村示范、万村整治"为突破口，紧密围绕"两美浙江"建设，持续开展并且扎实推进了"美丽县城""五水共治""四边三化""三改一拆""美丽乡村""特色小镇""小城镇环境综合整治""大湾区、大通道、大花园、大都市建设"等一系列战略行动,极大地提升了浙江省城乡人居环境质量,为浙江人民的高品质生活和全省的高质量发展奠定了坚实基础。浙江的实践经验表明,正确的价值观决定科学的方法论,科学的方法论需要强大的领导力保障! 只有秉持"以人民为中心"的思想,坚持"三生融合"发展思路,才能真正找到一条和谐可持续的健康城镇化发展道路。

为此,总结好浙江的实践经验,提炼出独特的浙江模式,不仅是中国新型城镇化理论创新的需要,也是浙江在全国层面推动城镇化可持续实践理应分担的重任与使命。从这个意义上说,浙江的城乡规划工作者,尤其是作为研究型大学的浙江高校教师责无旁贷。由浙江工业大学联合浙江省城市规划学会策划推出的"美丽之江文库——新型城镇化的浙江实践与理论创新丛书",就是为了守住这一初心,不忘大学使命。期待丛书能春华秋实,硕果累累。

陈前虎

浙江省城市规划学会　理事长

浙江工业大学建筑工程学院　执行院长

2019年5月于杭州屏峰山下

本书前言

　　"美丽中国""乡村振兴"是我国城镇建设的目标。党的十八大首次提出建设"美丽中国",把生态文明建设放在突出位置,融入经济建设、政治建设、文化建设和社会建设等各方面。党的十九大进一步把乡村振兴提升到战略高度,《国家乡村振兴战略规划(2018-2022年)》提出:以城市群为主体构建大中小城市和小城镇协调发展的城镇格局,增强城镇地区对乡村的带动能力。

　　超越浙江看中国,站在中国看浙江。作为习近平总书记新时代"三农"重要论断的萌发地,浙江一直有着国家意识和全局视野,曾创造性提出"八八战略""两山理论"等发展理念,实施"千村示范、万村整治"工程,并获得联合国"地球卫士奖"。秉承"八八战略"和"两山理论"所确定的"一张好的蓝图",浙江省积极落实"美丽中国"理念,谋划"两美浙江",相继开展了"五水共治""四边三化""三改一拆""特色小镇""最多跑一次""浙江大花园"等系列行动。其中"特色小镇""最多跑一次"相继成为全国样板。

　　在新时代,"美丽中国"在浙江的实践不断深入。2016~2018年,浙江在全省范围内推进"小城镇环境综合整治"行动计划,通过小城镇整治的手段进一步完善城镇职能、促进城镇产业升级、优化城镇空间环境、提升城镇治理水平,推进小城镇可持续发展。这期间,浙江省委、省政府的主要领导车俊书记、袁家军省长、彭佳学副省长等就小城镇整治、乡村振兴、美丽城镇建设不断做出重要指示,浙江省的小城镇整治工作已取得显著成效。小城镇整治作为"美丽中国"在浙江实践的又一创举,将为全国小城镇可持续发展提供经验借鉴。2019年,浙江省全面推进"百镇示范、千镇美丽"的美丽城镇建设工程,以"美丽城镇"为蓝图,高质量谱写"小城镇环境综合整治"新篇章,将是党中央与新时代赋予浙江省的新的历史使命。

东海之滨，潮涌台州。以民营经济为主体的"温台经济"模式，曾与苏南集体经济、华南外向型经济并称为中国三大经济发展模式。在建设"美丽中国"的时代背景下，作为民营经济空间载体的小城镇，如何转型升级实现绿色发展？如何补足建设短板提升城镇品质？如何转变理念提高城镇治理能力？这既是台州小城镇面临的时代命题，也是全国小城镇亟待解决的现实问题。

为此，台州市借浙江省小城镇环境综合整治行动之机进行积极探索，"站在小城镇未来发展的全局视野看小城镇整治"。在小城镇整治中坚持"五态融合"理念，以形态塑造激活生态、社态、文态、业态的全面整治与复兴，为台州市小城镇的产业转型升级、社会和谐发展、文化脉络延续提供全方位现实路径。首先，应立足于地方特征发展环境，通过深入实地调研，对小城镇环境、经济、社会、文化等进行系统调查与研究，解决小城镇的现实突出问题与发展诉求，探索台州市小城镇整治的有效途径和长效机制，以有序、有效推进小城镇品质提升；其次，基于小城镇差异化发展特征解析，结合小城镇环境整治绩效评价，准确把握不同类型小城镇的发展需求，分类提出小城镇发展指引，以促进台州市小城镇专业化特色发展。

全书分为9章：第1章、第2章为背景性分析，概述浙江省开展小城镇环境综合整治的政策背景和台州市小城镇整治的主要任务。第3章、第4章、第5章、第6章系统阐述台州市小城镇环境综合整治的内容、成效与工作机制，从环境卫生整治、城镇秩序整治、乡容镇貌整治、城镇治理四个维度归纳总结台州市小城镇环境综合整治的经验探索。第7章对台州市小城镇环境综合整治行动进行绩效评价，定量评估不同小城镇的需求差异性。第8章结合小城镇发展趋势与差异化需求，归纳未来台州市小城镇分化发展的主要类型与特征。第9章总结台州市小城镇环境综合整治行动的影响与启示，系统化地提出未来小城镇特色化发展、差异化供给的政策建议。

希望本书的出版，可以为新时代中国美丽城镇建设和小城镇人居环境的可持续发展做出积极贡献！

目　录
CONTENTS

第 1 章　国家战略背景下的浙江行动

1.1　国家战略：美丽中国　　　　　　　　　　　　　　　3

1.2　浙江行动：从"八八战略"到"两美浙江"　　　　　4

1.3　践行"美丽中国"与"两美浙江"理念的最新举措：
　　　小城镇整治　　　　　　　　　　　　　　　　　　7

第 2 章　浙江省台州市小城镇环境综合整治概述

2.1　新时代的台州市新定位　　　　　　　　　　　　　12

2.2　台州市小城镇发展综合评价　　　　　　　　　　　15

2.3　台州市小城镇环境综合整治总体思路　　　　　　　28

2.4　台州市小城镇环境综合整治内容与成效　　　　　　38

第 3 章　环境卫生整治

3.1　地面卫生整治　　　　　　　　　　　　　　　　　44

3.2　水面卫生整治　　　　　　　　　　　　　　　　　48

3.3　卫生乡镇创建　　　　　　　　　　　　　　　　　53

3.4　厕所革命　　　　　　　　　　　　　　　　　　　　55

第4章　城镇秩序整治

4.1　"道乱占"治理　　　　　　　　　　　　　　　　60

4.2　"车乱开"治理　　　　　　　　　　　　　　　　62

4.3　"房乱建"治理　　　　　　　　　　　　　　　　64

4.4　"线乱拉"治理　　　　　　　　　　　　　　　　66

4.5　"低散乱"整治与产业转型升级　　　　　　　　69

4.6　配套设施建设　　　　　　　　　　　　　　　　82

4.7　城镇治理水平提升　　　　　　　　　　　　　　85

第5章　乡容镇貌整治

5.1　提升规划理念　　　　　　　　　　　　　　　　88

5.2　美化建筑形象　　　　　　　　　　　　　　　　91

5.3　优化园林绿化　　　　　　　　　　　　　　　　94

5.4　增强文化内涵　　　　　　　　　　　　　　　　100

5.5　完善配套设施　　　　　　　　　　　　　　　　107

第6章　环境综合整治的工作机制和要素保障

6.1　组织制度　　　　　　　　　　　　　　　　　　116

6.2　工作机制　　　　　　　　　　　　　　　　　　124

6.3　要素保障　　　138

第 7 章　浙江省台州市小城镇环境综合整治的绩效评估
7.1　社会评价体系　　　148
7.2　调研设计、数据来源与样本特征　　　149
7.3　研究方法　　　151
7.4　结果分析　　　152

第 8 章　浙江省台州市小城镇分类发展指引
8.1　小城镇综合发展潜力分析　　　170
8.2　小城镇分类发展模式　　　175
8.3　小城镇分类发展的典型案例经验　　　178

第 9 章　总结与建议
9.1　台州市小城镇环境综合整治经验总结　　　188
9.2　台州市小城镇环境综合整治模式创新　　　190
9.3　台州市小城镇环境综合整治的不足　　　193
9.4　政策建议　　　194

附录　台州市小城镇环境综合整治调研问卷　　　200
参考文献　　　204
后　记　　　205

第 **1** 章　国家战略背景下的浙江行动

1.1　国家战略：美丽中国

1.2　浙江行动：从"八八战略"到"两美浙江"

1.3　践行"美丽中国"与"两美浙江"理念的最
　　　新举措：小城镇整治

第1章　国家战略背景下的浙江行动

　　"美丽中国"是推进生态文明建设的重要方略,也是推进中国现代化建设的必由之路。2012年,党的十八大提出"把生态文明建设放在突出地位,建设美丽中国"思想[①]。2017年,党的十九大报告指出:"建设生态文明是中华民族永续发展的千年大计,必须树立和践行绿水青山就是金山银山的理念;坚定走生产发展、生活富裕、生态良好的文明发展道路,建设美丽中国,为人民创造良好生产生活环境,为全球生态安全作出贡献。"在"美丽中国"国家战略指引下,2014年,浙江省委十三届五次全会提出"两美浙江"发展理念,并相继发布一系列政策配套文件及具体行动计划,如"千村示范、万村整治""五水共治""四边三化""三改一拆""特色小镇""浙江大花园"等一系列行动。2016年9月,浙江省委省政府发文正式推行"浙江省小城镇环境综合整治行动",小城镇环境综合整治行动成为浙江各地政府践行"美丽中国"与"两美浙江"理念的最新实践与重要抓手(图1-1)。

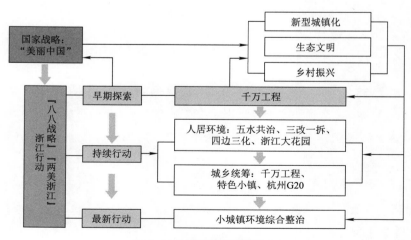

图1-1　从国家战略到浙江行动

---

　　① 中国共产党第十八次全国代表大会. 坚定不移沿着中国特色社会主义道路前进, 为全面建成小康社会而奋斗. 2012-11-2.

1.1　国家战略：美丽中国

改革开放以来，中国经济经历了40多年的高速增长，但也带来了生态环境恶化、发展方式不可持续等一系列深层次问题。为了走出这一困境，实现"美丽中国"战略目标，国家层面相继提出新型城镇化、生态文明建设和乡村振兴等战略举措，引领生态文明时代的城乡统筹发展（图1-2）。

图1-2　国家战略路线演进

1.1.1　新型城镇化战略

2012年，国家提出新型城镇化战略，强调以人为核心的城镇化、提高城镇建设水平、加强对城镇化的管理、加强城镇联系度等。2014年出台的《国家新型城镇化规划（2014—2020年）》，对新时期小城镇发展作出详细指引：

"强调要有重点的发展小城镇。按照控制数量、提高质量，节约用地、体现特色的要求，推动小城镇发展与疏解大城市中心城区功能相结合、与特色产业发展相结合、与服务'三农'相结合。大城市周边的重点镇，要加强与城市发展的统筹规划与功能配套，逐步发展成为卫星城。具有特色资源、区位优势的小城镇，要通过规划引导、市场运作，培育成为文化旅游、商贸物流、资源加工、交通枢纽等专业特色镇。远离中心城市的小城镇和林场、农场等，要完善基础设施和公共服务，发展成为服务农村、带动周边的综合性小城镇。对吸纳人口多、经济实力强的镇，可赋予同人口和经济规模相适应的管理权。

改善中小城市和小城镇交通条件。加强中小城市和小城镇与交通干线、交通枢纽城市的连接，加快国省干线公路升级改造，提高中小城市和小城镇公路技术等级、通行能力和铁路覆盖率，改善交通条件，提升服务水平。"①

① 中华人民共和国国务院 / 国家新型城镇化规划（2014—2020 年）[EB/OL].http://www.gov.cn/zhengce/2014-03/16/content_2640075.htm.

1.1.2　生态文明建设

党的十八大将"生态文明建设"纳入了中国特色社会主义"五位一体"的总体布局[①]。2013年,党的十八届三中全会提出必须"建立系统生态文明制度体系,用制度保护生态环境。"[②]为了更进一步完善生态文明建设,十九大报告再次提出"加快生态文明体制改革,建设美丽中国"的新思想[③]。2018年3月,"生态文明"被写入宪法,同年5月,全国生态环境保护大会明确"建成美丽中国"是生态文明建设的战略目标。2019年,两会报告再次提到了生态文明建设[④],与2012年十八大报告相呼应,体现了国家生态文明建设意志的长久性和坚决性。

1.1.3　乡村振兴战略

2017年11月,党的十九大报告提出乡村振兴战略,其总体要求是:产业兴旺、生态宜居、乡风文明、治理有效、生活富裕。2018年1月的《中共中央国务院关于实施乡村振兴战略的意见》,对乡村振兴近期和远期任务均做了阐述[⑤]。2018年9月,中共中央、国务院印发《乡村振兴战略规划(2018—2022年)》,要求各地区各部门结合实际情况认真贯彻落实[⑥]。

1.2　浙江行动:从"八八战略"到"两美浙江"

浙江省是"美丽中国"的先行地。2003年以来,浙江坚定不移地沿着"八八战略"指引的道路,通过一系列战略举措,逐步实现"两美浙江"愿景。同时,浙江省委省政府发布一系列政策文件,以"千村示范、万村整治"为突破口,紧密围绕"两美浙江",持续开展"五水共治""四边三化""三改一拆""特色小镇"等一系列行动,以此作为实施"两美浙江"战略的具体措施,为整体提高浙江城乡人居环境质量奠定坚实基础(图1-3)。

---

① 中国共产党第十八次全国代表大会.坚定不移沿着中国特色社会主义道路前进,为全面建成小康社会而奋斗.2012-11-2.

② 中国共产党第十八届中央委员会第三次全体会议. 2013-11-9.

③ 中国共产党第十九次全国代表大会.决胜全面建成小康社会 夺取新时代中国特色社会主义伟大胜利.2017-10-18.

④ 中华人民共和国第十三届全国人民代表大会第二次会议和中国人民政治协商会议.2019-3-5.

⑤ 中华人民共和国中央人民政府.中共中央国务院关于实施乡村振兴战略的意见[EB/OL]. http://www.gov.cn/xinwen/2018-02/04/content_5263807.htm.

⑥ 中华人民共和国中央人民政府.乡村振兴战略规划（2018—2022 年 ）[EB/OL].http://www.gov.cn/zhengce/2018-09/26/content_5325534.htm.

图1-3 浙江行动路线演进

1.2.1 "八八战略"

浙江经济偏重于民营经济、块状经济、专业市场和小城镇经济。随着时间发展，这种经济模式的先天不足逐渐显露出来。面对发展的"制约之痛"，2003年，时任浙江省委书记习近平意识到浙江发展的"关口"已经到来，浙江进入了经济增长方式的转变期、各项改革的攻坚期、开放水平的提升期、社会结构的转型期和社会矛盾的凸显期。习近平同志在广泛深入调查研究的基础上，创造性地做出了实施"八八战略"的重大决策部署，概括了浙江发展的八个优势，提出指向未来的八项举措[1]。"八八战略"的提出推进了生态省和绿色浙江建设，部署"千村示范、万村整治"工程，开启环境污染整治行动，引领浙江走进生态文明新时代。"八八战略"为浙江经济高质量发展、百姓高品质生活和"两个高水平"建设注入新动能。

1.2.2 "两美浙江"

2005年8月15日，时任浙江省委书记习近平同志考察安吉县天荒坪镇余村时，首次提出"绿水青山就是金山银山"的论断，即"两山理论"[2]。2014年5月23日，浙江省委十三届五次全会在继承"两山理论"的基础上，发展性地提出"两美浙江"[3]理念。它把生态文明建设融入经济建设、政治建设、文化建设、社会建设的各个方面和全过程，形成人口、资源、环境协调和可持续发展的空间格局、产业结构、生产方式、生活方式，建设富饶秀美、和谐安康、人文昌盛、宜业宜居的美丽浙江。

"两美浙江"充分呼应了人民群众对美好生活的更高期待，充分体现了"绿水青山就

---

① 中国经济网.顺应发展规律的战略谋划——写在浙江实施"八八战略"15周年之际（上）[EB/OL].http://www.ce.cn/.

② 张雁云."两山理论"的提出与实践 [J].中国金融，2018（14）.

③ 浙江省委十三届五次全会.中共浙江省委关于建设美丽浙江创造美好生活的决定.2014-5-23.

是金山银山"中以人为本的发展理念。"两美浙江"贯穿于经济社会发展的全过程,是浙江生态文明发展理念的一次深化和升华。为充分落实"两美浙江"理念,浙江省从2003年起相继发布一系列政策文件,以"千村示范、万村整治"为突破口,紧密围绕"两美浙江",持续开展"五水共治""四边三化""三改一拆""特色小镇"等一系列行动。

1. "千村示范、万村整治"

2003年6月,在时任浙江省委书记习近平同志的倡导、主持和亲自部署下,以改善农村生态环境、提高农民生活质量为核心,以农村生产、生活、生态的"三生"环境改善为重点,浙江在全省启动"千村整治、万村示范"工程,即用5年时间,从全省4万个村庄中选择1万个左右的行政村进行全面整治,把其中1000个左右的中心村建成全面小康示范村。

浙江省自2003年全面推进"千村示范、万村整治"工程以来,造就万千美丽乡村。截至2017年底,浙江省累计有2.7万个建制村完成村庄整治建设,占全省建制村总数的97%;74%的农户厕所污水、厨房污水、洗涤污水得到有效治理;生活垃圾集中收集、有效处理的建制村达到全覆盖,41%的建制村实施生活垃圾分类处理。

2018年9月26日,浙江省"千村示范、万村整治"工程被联合国授予"地球卫士奖"中的"激励与行动奖"。2019年两会期间,习近平总书记作出重要批示:

"浙江'千村示范、万村整治'工程起步早、方向准、成效好,不仅对全国有示范作用,在国际上也得到认可。要深入总结经验,指导督促各地朝着既定目标,持续发力,久久为功,不断谱写美丽中国建设的新篇章。"①

2019年3月,中共中央办公厅、国务院办公厅转发了《中央农办、农业农村部、国家发展改革委关于深入学习浙江"千村示范、万村整治"工程经验扎实推进农村人居环境整治工作的报告》。

2. "四边三化"②

2012年,浙江省委省政府针对国道、省道、公路边一定区域和铁路线路安全保护区内影响环境的"脏乱差"问题,提出"四边三化"行动。经过全面整治,打造出一批环境优美的景观带和风景线,城乡环境卫生长效管理机制进一步完善,城乡居民环境卫生意识和生活品质明显提高。

---

① 中华人民共和国中央人民政府.中央农办、农业农村部、国家发展改革委关于深入学习浙江"千村示范、万村整治"工程经验扎实推进农村人居环境整治工作的报告 [EB/OL].http://www.gov.cn/zhengce/2019−03/06/content_5371291.htm.
② 中共浙江省委办公厅,浙江省人民政府办公厅.浙江省"四边三化"行动方案、浙江省人民政府公报.2012(24).

3. "三改一拆"①

2012年6月,浙江省第十三次党代会召开,作出干好"一三五"、实现"四翻番"决策部署。"三改一拆"是其中一项重要任务,2013~2015年在全省深入开展旧住宅区、旧厂区、城中村改造和拆除违法建筑(简称"三改一拆")三年行动。

4. "五水共治"②

2013年,浙江省委逐渐形成了以治水为突破口倒逼转型升级的战略思路。抓住治水这个转型升级最关键的突破口,就能真正实现有质量、有效益、可持续发展。2014年起全面开展治污水、防洪水、排涝水、保供水、抓节水等"五水共治",并以此深化改革,促进转型,推动升级。

5. 特色小镇

2015年4月,浙江省政府出台了《浙江省人民政府关于加快特色小镇规划建设的指导意见》,对特色小镇的创建程序、政策措施等做出了规划。2015年,37个小镇入选首批创建名单,至2018年先后有四批共129个小镇入选省级特色小镇创建名单。

1.3 践行"美丽中国"与"两美浙江"理念的最新举措:小城镇整治

2016年9月26日,浙江省委省政府发布《中共浙江省委办公厅 浙江省人民政府办公厅 关于印发〈浙江省小城镇环境综合整治行动实施方案〉的通知》③,召开全省小城镇环境综合整治行动会议,并进行全面动员和部署。时任浙江省委书记夏宝龙指出:

"小城镇环境综合整治是补齐生态环境短板的重中之重、加快经济转型升级的有力举措,也是提升城乡发展质量的关键环节、提高人民群众获得感和幸福感的民生工程,还是推进基层治理现代化的重要平台。他强调要把小城镇环境综合整治摆到全面建成小康社会标杆省份全局的高度抓实抓好,决不把'脏乱差'带入全面小康······切实保障小城镇环境综合整治取得全面胜利。"④

---

① 浙江省人民政府.浙江省人民政府关于在全省开展"三改一拆"三年行动的通知(浙政发〔2013〕12号).2013-1.
② 浙江省委十三届四次全会.2013-11-2.
③ 中共浙江省委办公厅,浙江省人民政府办公厅.关于印发《浙江省小城镇环境综合整治行动实施方案》的通知(浙委办发〔2016〕70号).2016-9-26.
④ 浙江省住房和城乡建设厅.关于贯彻落实全省小城镇环境综合整治行动会议精神的通知[EB/OL]. http://www.zjjs.com.cn/n71/n72/c353537/content.html.

1.3.1　行动方案

浙江省小城镇环境综合整治行动主要内容如下：

行动时间：自2016年9月底开始，力争用3年左右时间完成；

整治对象：全面整治乡镇政府（包括独立于城区的街道办事处）驻地建成区，兼顾整治驻地行政村（居委会）的行政区域范围和仍具备集镇功能的原乡镇政府驻地，重点整治"一加强三整治"——加强规划设计引领，整治环境卫生主要解决"脏"的问题，整治城镇秩序主要解决"乱"的问题，整治乡容镇貌主要解决"差"的问题；

五大意义：补齐生态环境短板的重中之重、加快经济转型升级的有力举措、提升城乡发展质量的关键环节、提高人民群众获得感和幸福感的民生工程、推进基层治理现代化的重要平台；

六大目标：环境质量全面改善、服务功能持续增强、管理水平显著提高、城镇面貌大为改观、乡风民风更加文明、社会公认度不断提升；

阶段成果：使小城镇成为人们向往的幸福家园。

自全省小城镇整治行动启动以来，浙江省委省政府持续高度关注这一行动的推进。2017年8月7日，浙江省委书记车俊出席全省"三改一拆"和小城镇环境综合整治推进会并讲话：

"要深入学习贯彻习近平总书记'7·26'重要讲话精神，全面落实省党代会精神，攻坚克难、精准发力，不断把'三改一拆'和小城镇综合整治向纵深推进、向更高水平提升，同时各级党委要坚持把'三改一拆'和小城镇环境综合整治工作作为……确保拆违整治工作取得实效，努力把浙江建设成为一座'大花园'。"[1]

同一会议上，浙江省长袁家军强调：

"各地各部门要加快'无违建县（市、区）'创建工作，大力实施'城中村'改造，全面加强城乡危旧房治理，协同抓好小城镇环境综合整治，注重产业转型和新动能培育，完善组织领导、考核督查和宣传引导机制，以钉钉子精神抓好贯彻落实，扎扎实实推进'两个高水平'建设。"

1.3.2　配套支撑

为快速推进全省小城镇环境综合整治行动，浙江省从组织架构、运行机制和要素保

---

[1]　浙江新闻. 努力把浙江建设成为一座"大花园" [EB/OL]. http://zjnews.zjol.com.cn/gaoceng_developments/cj/newest/201708/t20170804_4740466.shtml.

障等方面进行顶层设计。

1. 组织制度

2016年9月，浙江省召开全省小城镇整治行动动员大会之际，设置专门机构即浙江省小城镇环境综合整治行动领导小组及其办公室，抽调职能部门为成员单位并明确相应职能，建立省领导调研制度等。

2. 运行机制

为确保全省快速推进小城镇环境综合整治，浙江省从顶层设计运行机制，包括组织动员、任务分解、行动计划制定、方案实施、宣传推广、现场推进以及督导考核等环节，并层层细化落实到县市区层面。

3. 要素保障

把小城镇环境综合整治行动资金纳入年度地方财政预算；转移支付资金向小城镇环境综合整治工作倾斜；积极创新投资融资机制，引导和吸纳社会资本参与小城镇环境综合整治建设；优先保障小城镇环境综合整治建设必需的用地指标；城乡建设用地增减挂钩节余指标优先用于小城镇建设。

第2章

浙江省台州市小城镇环境综合整治概述

2.1　新时代的台州市新定位

2.2　台州市小城镇发展综合评价

2.3　台州市小城镇环境综合整治总体思路

2.4　台州市小城镇环境综合整治内容与成效

第2章　浙江省台州市小城镇环境综合整治概述

新时代下台州市发展的新定位为小城镇环境综合整治行动指明了方向；对台州市小城镇发展条件的综合分析为制定合理的小城镇环境综合整治行动方案奠定了基础；并基于此提出台州市小城镇环境综合整治行动的总体思路。

2.1　新时代的台州市新定位

新时代，基于新的发展理念及台州市独特的地理格局、文化内涵和经济模式，台州市委市政府对台州市的未来发展进行了全新定位，提出"山海水城、和合圣地、制造之都"的发展目标。[①]即台州市未来的发展应立足于独特的自然禀赋，以生态宜居为特色，打造山海相连、城水相依、人水相亲的"山水海城"；立足于深厚的历史积淀，以和合文化为精髓，打造底蕴深厚、古今交融、包容大气的"和合圣地"；立足于深厚的产业基础，以先进制造为方向，打造高新高端、智能智慧、集聚集群的"制造之都"。

2.1.1　山海水城

台州从地理空间上分为南、北两大片区。南部片区包括台州市区、温岭市和玉环市，濒临东海、地处温黄平原、民营经济发达；北部片区为天台山、大雷山、括苍山构成的三角形盆地，包含天台县、仙居县，以及沿海丘陵地带的三门县，经济相对欠发达。临海市介于南北片区的中间地带，由西至东横跨台州，兼具中西部山地特征与东南部沿海特征。台州市这一地理格局，构建了"山海水城"的大地景观（图2-1）。建设"山海水城"，即把海上名山、蓝色海湾、水上台州融入城市景观，在显山露水中展现城市特质和魅力，打造美丽浙江的台州样板。

---

①　王荧瑶. 把台州建设成为独具魅力的"山海水城""和合圣地""制造之都" [N]. 台州日报，2018-8-23（1）.

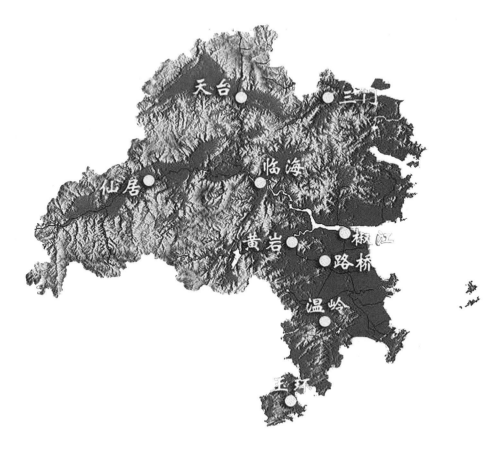

图2-1　台州市地理格局

2.1.2　和合圣地

台州人文昌盛、文化底蕴深厚。隋朝佛教智者大师在天台山创立天台宗,天台宗"止观并重、定慧双修",融禅宗南北派思想于一体。南宋朱熹曾在临海、黄岩、仙居讲学,天台宗对深化其理学思想产生了深远影响。唐朝郑虔左迁台州,首办官学、教化居民。北宋年间,天台人张伯端融摄儒、释、道三教理论精华,开创天台山道教南宗文化。台州儒释道三教合流,逐渐孕育出灿烂的"和合"文化。建设"和合圣地",将台州市建成践行中华和合文化的核心地区,以文化浸润人心、成风化人,增强文化软实力,凝练现代城市精神,增强城市文化个性,共筑台州人的精神家园,进一步提升台州的知名度和美誉度(图2-2)。

图2-2　天台山和合圣地碑公园

2.1.3　制造之都

　　建设"制造之都"，就是要立足台州市固有的产业基础，以先进制造为方向，谋求技术创新，从低端"制造"向高端"智造"发展，打造高新高端、智能智慧、集聚集群的产业高地（图2-3、图2-4）。大力发展先进制造业，打响台州品牌，创建"中国制造2025"试点示范城市。推动三次产业联动发展，构建结构优化、技术先进、清洁安全、附加值高的现代产业体系。同时，拓展提升沿海大平台，大力发展湾区经济、临港产业，开创台州海洋经济新时代。增强开放眼光、接轨意识、融合理念，落实"一带一路"、长江经济带战略，打开"山门""海门"，推动台州制造走出国门、走向世界。

　　台州新的发展定位体现了新时期的新要求与新路径，"山海水城"体现了城乡环境韧性发展的生态发展路径；"和合圣地"体现了打造和谐家园、创造获得感的社会发展路径；"制造之都"体现了城乡产业的经济发展路径。这一新定位不仅开启了台州都市圈发展的新征途，也是指导小城镇环境综合整治实践的新纲领。

图2-3　台州市黄岩区模塑工业设计基地

图2-4　2010年8月2号吉利控股集团收购沃尔沃轿车公司的全部股权

2.2　台州市小城镇发展综合评价

2.2.1　发展现状

1. 空间特征

（1）城镇密度

台州位于浙江东南沿海丘陵地带，1994年撤地建市，市政府驻地在椒江区。台州下辖9个县（市、区），129个乡镇（街道），其中包括44个街道、61个镇、24个乡，城镇密度平均为1.37个/百平方公里。从总体来看，台州城镇密度呈现出南高北低的空间差异特征。南部片区的台州市区和玉环市最高，分别为2.46个/百平方公里和2.91个/百平方公里，北部片区的天台县、仙居县、三门县最低，分别为1.05个/百平方公里、1.00个/百平方公里、0.66个/百平方公里（表2-1）。

台州市各县市区城镇密度一览表　　　表2-1

行政区	区划数量	陆域面积（km²）	城镇密度（个/百平方公里）
椒江区	8个街道、1个镇（共9个）	280	3.21
黄岩区	8个街道、5个镇、6个乡（共19个）	988	1.92
路桥区	6个街道、4个镇（共10个）	274	3.65
温岭市	5个街道、11个镇（共16个）	926	1.73
玉环市	3个街道、6个镇、2个乡（共11个）	378	2.91
临海市	5个街道、14个镇（共19个）	2203	0.86
天台县	7个镇、5个乡、3个街道（共15个）	1432	1.05
仙居县	7个镇、10个乡、3个街道（共20个）	2000	1.00
三门县	6个镇、1个乡、3个街道（共10个）	1510	0.66

（2）城镇等级和规模

台州的复杂地理格局和多元经济形态，使得小城镇规模差异明显，同样呈现出明显的南北差异特征。南部片区城镇人口规模普遍较高，北部片区城镇规模相对较低。小城镇的等级可以划分为中心镇、一般镇、乡三个层次，以及独立于城区的街道（表2-2）。

以中心镇为例（表2-3），南部片区中心镇镇域人口规模普遍较高，位于第一的是临海市杜桥镇，镇域常住人口达22.5万人；位于第二、三位的分别是温岭市泽国镇和大溪镇，镇域常住人口21万多，其余中心镇也都在10万人左右。北部片区中心镇人口规模相对偏小，超过10万人的仅天台县平桥镇1个，其余中心镇大都在3万～6万人。这些中心镇对周边乡镇具有一定的辐射和吸引作用，其中路桥区金清镇、临海市杜桥镇、温岭市泽国镇、大溪镇、玉环市楚门镇、天台县平桥镇被列入浙江省小城市培育对象，有望发展为镇级市。

台州三级小城镇和独立街道统计表　　　　　　　　　　　　　　　　表2-2

等　　级	数量（个）	占比（%）
中心镇	18	17
一般镇	43	40
乡	24	22
独立于城区的街道	22	21

台州中心镇规模一览表　　　　　　　　　　　　　　　　　　　　表2-3

县市区	中心镇	镇域常住人口（人）	镇域户籍人口（人）	建成区面积（km²）
黄岩区	宁溪镇	19989	34642	1.9
	院桥镇	78537	67400	8.16
路桥区	金清镇	139712	107381	8
临海市	杜桥镇	227160	218415	15.3
	白水洋镇	102144	104249	4.5
	东塍镇	54350	65649	23.9
温岭市	泽国镇	214836	128260	13.9
	大溪镇	188789	132212	6.37
	松门镇	122360	93773	10.4
	新河镇	134800	128000	4.5
	箬横镇	190000	148000	4.6
玉环市	楚门镇	130000	52745	13.9
	沙门镇	32700	25700	4.79
天台县	白鹤镇	60000	66201	3.27
	平桥镇	112322	112000	5.2

县市区	中心镇	镇域常住人口（人）	镇域户籍人口（人）	建成区面积（km²）
仙居县	横溪镇	50488	51764	5.8
	白塔镇	27936	43607	1.9419
三门县	健跳镇	80000	68000	117.11

（3）城镇联系度

台州南部片区小城镇大多地处温黄平原，空间距离较短，道路交通快捷，城镇联系紧密。在小城镇块状经济之间的产业链推动下，小城镇之间形成了联系度较高的城镇群。如椒江区洪家—下陈—三甲路组群；路桥区新桥镇—横街镇组群，蓬街镇—金清镇组群；温岭市泽国镇—城北街道组群，大溪镇—温峤组群；玉环市楚门镇—清港镇组群等。

台州北部片区城镇联系度相对较弱，但也形成了中心镇带动一般镇、乡的城镇组群，如天台县平桥镇—街头镇—雷锋乡组群；三门县健跳镇—花桥镇—横渡镇组群；仙居县横溪镇—埠头镇—湫山乡组群，白塔镇—田市镇—淡竹乡—皤滩乡组群，下各镇—朱溪镇—大战乡—双庙乡组群等。

2. 产业特征

改革开放以来，温黄平原地区快速实现了以轻工业为主的乡村工业化，促进了乡镇企业和小城镇发展，乡村工业化成为台州小城镇发展的基本动力。从乡村工业化的发展历程来看，台州小城镇生产模式经由个私企业转变为股份制企业，生产空间经由前店后厂转变为工业园区，生产产品经由配件生产转变为转配制造，最终形成了以中心镇为代表的一镇一品"小城镇、大制造"块状经济格局[①]。

块状经济给台州小城镇发展带来三个方面的影响：一是极大地促进了小城镇经济发展，企业经济稳步增长，居民收入提升；二是提供了充分的就业岗位，在满足本地区居民就业的基础上，还吸引了外来人口居住，提升了社会活力；三是乡镇政府有了稳定的税收来源，使其有能力改造提升城镇基础设施。

基于独特的资源特征，台州市还发展出一定数量的旅游强镇和农业强镇。如仙居白塔城镇组群，以5A级景区神仙居旅游度假区为核心，把淡竹乡原始森林、皤滩乡老街、田市镇现代农业整合在一起，形成旅游强镇。临海市涌泉镇打造精品无核桔基地，形成全产业链全域橘子农业强镇。

---

① 临海市杜桥镇，可以说是台州块状经济的典型代表。以眼镜为主要产品的杜桥镇，2016年生产总值达到125.1亿元，财政总收入达到11.73亿元，城乡人均可支配收入分别达到58300元和30000元，成功列入全国重点镇。其他小城镇块状经济如椒江区下陈街道培育出缝纫机产业，温岭市大溪镇发展出水泵产业。

2.2.2　发展困境

1. 产业转型压力大

台州众多小城镇制造业普遍具有准入门槛低、产品雷同、技术含量低、资源消耗大、劳动力投入大等特征，在国际市场上的产品竞争力不强。尤其随着生态文明理念的深入，台州小城镇资源消耗型、劳动密集型、资本投入型的低层次企业，面临着转型为环境友好型、技术密集型产业的迫切需要。

2. 空间分布散

台州小城镇初始动力源自乡镇制造业的发展。"村村点火、户户冒烟"的早期乡村企业空间格局，逐步发展为村、镇两级工业小区，使得小城镇总体分布形态较散，在空间布局、产业分工、交通组织、配套建设上缺乏统筹规划。

3. 城镇形态乱

由于大量低端制造业的分散分布，使得城镇形态较乱。企业与居住区混杂，严重影响城镇风貌和城镇功能，带来一定程度的城镇道路交通、城镇防灾安全和城镇生态系统等问题。

4. 公共服务弱

由于工业化发展带来人口快速增长，台州小城镇道路、市政、绿化等基础设施和农贸市场、学校等社会设施面临着较大压力。小城镇在基础设施方面普遍存在投入少、欠账重的问题，许多道路、市政设施等急需改造更新，城镇功能需要进一步提升。部分小城镇道路仅乡政府门前"一条街"，只有零星几家仅能解决山区村民日常生活所需的小超市，小城镇公共服务能力亟待提升。

5. 发展不平衡

台州小城镇显示出不平衡、不充分的发展特征（表2-4）。台州南部片区小城镇工业化和城镇化起步较早，经济发展较快；而北部片区小城镇工业化和城镇化起步较晚，甚至面临着衰退以及山区城镇人口流失的问题。

台州小城镇2017年国民生产总值比较分析 　　　　　表2-4

县（市、区）	乡镇GDP最高值（万元）	乡镇GDP最低值（万元）	乡镇GDP平均值（万元）
椒江区	60876	1870	37505
黄岩区	33011	3871	14395
路桥区	71727	16196	32056
温岭市	155182	13943	58819
玉环市	71060	873	35129
临海市	132749	7280	34012
仙居县	39391	2055	10735
天台县	63513	2335	17330
三门县	52678	2986	22535

资料来源：根据2017年《台州市统计年鉴》整理。

2.2.3 发展优势

台州小城镇具有独特的山海水城格局，历史悠久的和合文化，特色鲜明的块状经济。在台州"山海水城、和合圣地、制造之都"的新定位下，破解现实发展困境，实现"美丽台州"建设需要重新审视台州小城镇生态、文化、产业发展基因。

1. 生态基因

台州市众多小城镇依山傍海，生长于"山海水城"的方寸之间，聚落因山而阻，因水而兴，宗族繁盛，千年维系。丰富的地理环境资源，既是美丽台州的生态本底，也是小城镇经济社会发展的重要载体。依托良好的生态环境本底资源，凸显小城镇的特色定位，是台州小城镇持续发展的优势所在。依据地形地貌，台州小城镇可以分为三类：山地小镇、海洋小镇、水乡小镇（表2-5）。

台州市小城镇空间特色一览表 　　　　　表2-5

空间类型	典型小城镇	空间特色
山地小镇	黄岩区沙埠镇	全镇八山半水分半田，境内太湖山风光旖旎，佛岭水库碧波荡漾，是城区的休闲"后花园"
	临海市尤溪镇	全镇四面环山，地形特征为"八山一水一分田"，镇区环溪而建
	临海市括苍镇	境内有浙东南第一高峰，是以自然和人文有机融合为特色的山水名镇
	天台县石梁镇	镇区海拔780m，是浙江省海拔最高的建制镇之一
	天台县南屏乡	国家级4A景区，境内南黄古道是全国八大赏枫基地之一，莲花梯田是万亩360°全景梯田
	天台县三州乡	九山半水半分田，是金华、台州、绍兴三个市的交接之地

空间类型	典型小城镇	空间特色
山地小镇	仙居县淡竹乡	永安溪主流韦羌溪穿境而过，紧邻国家 5A 级景区——神仙居
	仙居县广度乡	在仙居、磐安、天台三县交界处，乡境为大雷山脉中段，山高岭峻
海洋小镇	椒江区大陈镇	以丘陵地形为主，渔业发达，多渔船停泊，避风港湾设有台州渔业指挥部。最高峰凤尾山坐落在岛西部，海拔 228.6m
	椒江区前所街道	东邻东海，南与市区隔江相望，西与章安街道接壤，北靠临海杜桥
	温岭市石塘镇	地处浙江东南，由原石塘、箬山、钓浜三镇合并而成
	玉环市大麦屿街道	濒临国家一类口岸——大麦屿天然深水良港
	玉环市沙门镇	沙门镇五门地处东海之滨
	三门县蛇蟠乡	经旗门海游两港，接猫头山水道，沐五屿长风巨浪，蛇蟠岛环海独立
水乡小镇	黄岩区屿头乡	村庄沿溪而建，村外群山围绕，村内沟渠纵横
	路桥区金清镇	以老街文化、围垦文化、海防文化、渔港文化、民俗文化为特色
	路桥区桐屿街道	境内道路纵横，河道错综，交通十分便捷
	临海市涌泉镇	因"泉"得名，以"橘"闻名，背靠兰田山，面朝灵江水，东临椒江
	临海市河头镇	始丰溪东侧
	临海市杜桥镇	杜黄平原商贸集镇
	温岭市新河镇	历史悠久，古为新河所
	温岭市大溪镇	泵业智造名城，东瓯山水美镇
	天台县街头镇	故寻千年街头，村隐和合寒山。打造整洁、有序、宜人的山水旅游城镇
	天台县平桥镇	始丰溪畔中心城镇，中国滤布产业名城
	仙居县步路乡	地势南高北低，属低山丘陵区。灵江上游永安溪从北陲蜿蜒而过
	三门县珠岙镇	北接宁波市宁海县，西北接天台县，西南邻临海市

（1）山地小镇

台州市以山闻名的城镇颇多，其特征多数为八山一水一分田，平均海拔相对较高。其中比较有代表性的如仙居县广度乡和淡竹乡。

仙居县广度乡位于仙居、磐安、天台三县的交界处，全乡国土面积为82.5km²，乡境处于大雷山脉中段，平均海拔在650m以上，其广阔的山地资源优势明显，具有茂密的森林、种类繁多的野生动植物资源，为开发当地旅游业和高山种植业提供了天然的基础（图2-5）。

仙居县淡竹乡是以林业为主的山区乡，林业资源丰富，占地面积为29.26万亩，省级生态林面积为13.3万亩，竹林面积为2万亩，被评为国家级生态乡镇，同时也是省级森林乡镇（图2-6）。

（2）海洋小镇

台州绵延的海岸线上，有诸多的沿海城镇，它们多数依海而建。其中，椒江区大陈镇

图 2-5 仙居县广度乡生态格局

图 2-6 仙居县淡竹乡生态格局

和温岭市石塘镇具有一定的代表性。

椒江区大陈镇位于椒江区东南52km的东海海上,台州湾东南、台州列岛中南部。岛上岗峦起伏,自然景观和人文景观独特,适宜度假、休闲观光和寻访史迹。大陈岛是国家一级渔港、省级森林公园和省海钓基地,岛周海域是浙江省第二渔场(图2-7)。

温岭市石塘镇区域面积为28.47km²,海岸线长58.6km,有纯渔业村54个,且三面环海,具有旖旎的海滨风光(图2-8)。

图 2-7 椒江区大陈镇生态格局

图2-8　温岭市石塘镇生态格局

（3）水乡小镇

水乡城小镇多表现为境内河道错综，小城镇水资源极为丰富。水乡小镇的代表如温岭市新河镇和大溪镇。

温岭市新河镇地处进海口，诸水汇集，镇内地势平坦，金清大港由西至东流经镇域汇入东海。镇域国土面积71.4km²，先后获得中国乡镇综合实力500强、全国百佳历史文化名镇、全国教育"两基"工作先进单位、省卫生镇、省教育强镇、省旅游强镇、省森林城镇等一系列荣誉称号（图2-9）。

图2-9　温岭市新河镇生态格局

温岭市大溪镇位于温岭市境西部，是联合国开发计划署"可持续发展的中国小城镇"项目试点镇、全国小城镇综合改革试点镇、全国首批小城镇发展改革试点镇、全国文明镇、全国重点镇、全国环境优美镇、国家森林公园、浙江省中心镇、浙江省第三批小城市培育试点镇（图2-10）。

2. 文化基因

台州兼具山海水城的地理环境，不仅造就了台州式的硬气、大气、秀气，还诠释了多

图2-10　温岭市大溪镇生态格局

元文化的和合精神。众多小城镇在地域文化的内力驱动下,经历千百年发展,铸就了台州各地小城镇文化特色,包括和合小镇、历史小镇、红色小镇等。

（1）和合小镇

此类较有代表性的城镇是天台县街头镇（图2-11、图2-12）。

天台县街头镇传承千年、古韵悠悠。街头镇迄今已有1500多年历史,千年古街、千年古宅、千年古树、千年古井留存至今。街头镇文化昌盛、和合共融,是合文化的发祥地,唐代诗僧寒山子曾在此隐居70余年。

图2-11　天台县和合小镇　　　　　　　　图2-12　天台县和合园

（2）历史小镇

历史小镇的典型代表有临海市桃渚镇和仙居县皤滩镇。

临海市桃渚镇曾为海洋,三面环山,至明初修建卫所起,才逐渐成为海滨集镇,后当地人民围垦海涂,于悬渚处广植桃树,桃渚之名即由此来（图2-13）。

仙居县皤滩镇位于仙居县城西约25km处（图2-14）。早在公元998年,这里就因水路便利成为永安溪沿岸一个繁华的集镇。经过千年的风云,千年的沉淀,皤滩仍保存了三华里长、鹅卵石铺砌的"龙"型古街。

图2-13 临海市桃渚古城

图2-14 仙居县皤滩古镇

（3）红色小镇

红色小镇最具代表性的是温岭市坞根镇和三门县亭旁镇。

温岭市坞根镇位于浙东南乐清湾畔，是中国工农红军第十三军二师的诞生地，被誉为中国东部的"延安"。1928年就已建立4个党支部，1930年初成立坞根游击大队，同年扩编为红二师，形成以坞根为根据地的温岭、玉环、乐清三边武装割据局面的鼎盛时期（图2-15）。

图2-15 温岭市坞根镇红色基地

三门县亭旁镇具有光荣的革命传统，1928年在包定、叶信庄等革命先烈的带领下，爆发了震惊全国的亭旁起义，在浙江省建立了第一个苏维埃政权。亭旁革命烈士纪念馆属省历史文物保护单位,被省委、省政府定为省爱国主义教育基地,亭旁革命纪念群是台州唯一的红色旅游景点(图2-16)。

图2-16　三门县亭旁镇红色基地

3. 产业基因

新形势下,台州小城镇产业经济将进入新的发展阶段,新技术、新产业、新业态、新模式不断迭代升级,使得小城镇企业动力更足、创业能力更强、创业文化更新。台州小城镇产业基因可以分为农业小镇、工业小镇、商贸小镇、文旅小镇四种类型,承担起协调区域统筹发展、优化城镇空间格局、促进传统产业转型升级、加快创新要素集聚的重要任务。

（1）农业小镇

农业小镇的典型案例有临海市涌泉镇和仙居县步路乡。

临海市涌泉镇是中国无核蜜橘之乡,位于临海市东南部,东临椒江区,南濒灵江,北连牛头山水库,西与邵家渡接壤,是台州市的"后花园",市级农业示范乡镇(图2-17)。

图2-17　临海市涌泉镇"蜜橘之乡"

仙居县步路乡是全国闻名的"仙梅之乡",自1985年起,步路乡开始大力发展杨梅产业,以市场为导向,以经济效益为中心,以家庭承包经营为基础,依靠西炉杨梅市场和神仙居酒业有限公司等农业龙头企业的带动,将杨梅产业的产前、产中、产后三个环节联结为完善的链条,实行多种形式的一体化经营,形成了颇具特色的杨梅经济(图2-18)。

图2-18 仙居县步路乡"杨梅小镇"

(2)工业小镇

台州有20多个工业小镇,以温岭市泽国镇和玉环市沙门镇为典型代表。

温岭市泽国镇素有"台州商埠"之称,是全国第一家股份合作制企业的诞生地,先后被列为全国第三批发展改革试点城镇、住房城乡住建部小城镇建设试点镇和全省首批小城市培育试点镇(图2-19)。

图2-19 温岭市泽国镇工业园

玉环市沙门镇依托万亩滨港工业城的开发建设以及区位交通条件的优势,使经济得到了快速发展。沙门镇在2010年被列为省级中心镇,并先后获得省级生态镇、省教育强镇、省体育强镇、省级卫生镇等荣誉,2018年入选"全国综合实力千强镇",现有工业企业500多家,其中有双环、正裕等17家国家高新企业和35家市级高新企业(图2-20)。

(3)商贸小镇

商贸小镇的主要代表为临海市杜桥镇和温岭市大溪镇。

图2-20 玉环市沙门镇工业园

临海市杜桥镇是"眼镜之乡"、全国综合改革试点镇、浙江省中心镇、台州市中心镇，先后荣获浙江省绿色小城镇、浙江省首批村镇建设现代化示范镇、浙江省教育强镇、浙江省科普示范镇、浙江省卫生镇、浙江省生态镇等称号（图2-21）。

图 2-21　临海市杜桥镇

温岭市大溪镇作为温岭市对外交通的重要枢纽，凭借突出的区位优势、灵活的企业机制、丰厚的民间资本和优越的资源环境，成为温岭市区乃至台州市内发展集聚和辐射能力都较强的区域中心（图2-22）。

图 2-22　温岭市大溪镇

（4）文旅小镇

文旅小镇的典型代表有仙居县白塔镇和天台县街头镇。

仙居县白塔镇地处仙居县中部，是仙居国家名胜区的中心。白塔镇凭借卓越的国家级风景名胜区——神仙居景区，于2014年被六部委列为全国重点镇，2017年7月27日被住房和城乡建设部评为全国第二批特色小镇"氧吧小镇"（图2-23）。

街头镇隶属于浙江省天台县，2018年12月成功入选省级样板镇，境内拥有寒山湖、九遮山、寒明岩等三处国家级风景名胜区，旅游资源丰富，人文积淀深厚，交通条件便利。同时，街头镇是一座千年古镇，一方红色沃土，一颗璀璨明珠，被评为国家级生态镇、中国最美村镇、浙江省美丽乡村示范镇，既赋山水之美，又具乡村之秀（图2-24）。

图 2-23　仙居县白塔镇

图 2-24　天台县街头镇

2.3　台州市小城镇环境综合整治总体思路

2.3.1　分级整治，问题导向

台州小城镇由于地理、经济条件差异较大，为使土地、人才、资金等有限要素得到合理配置，分级整治尤为必要，既避免资源浪费，又提高整治效率。台州根据实际情况分为中心镇、一般镇、乡、独立于城区的街道和原乡驻地的村（表2-6），依据浙江省《小城镇环境综合整治技术导则》确定十八项整治内容分级整治（图2-25）。针对各级城镇人居环境建设的突出问题，确定各级城镇的整治细分内容，包括环境卫生、城镇秩序、乡容镇貌、市政管线（主要是强弱电线）等。城镇等级越高，整治内容越全面，中心镇整治内容包含一般镇和乡集镇整治内容，一般镇整治内容包含乡集镇整治内容。

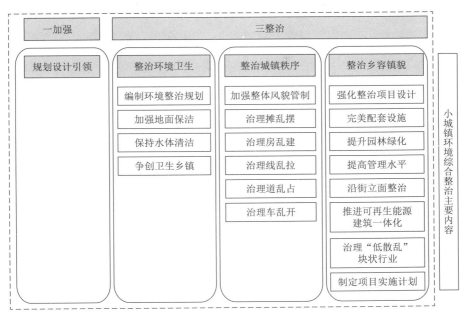

图 2-25 "一加强三整治"内容框图

台州市小城镇分级整治一览表　　　　　　　　　　　　　　　　表 2-6

等级	中心镇	一般镇	乡	独立于城区的街道	原乡驻地的村
椒江区	—	大陈镇	—	下陈街道、洪家街道、前所街道、章安街道、三甲街道	—
黄岩区	院桥镇、宁溪镇	北洋镇、头陀镇、沙埠镇	屿头乡、富山乡、上郑乡、平田乡、茅畲乡、上垟乡	高桥街道、新前街道、江口街道、澄江街道	—
路桥区	金清镇	蓬街镇；横街镇、新桥镇	—	峰江街道、螺洋街道、桐屿街道	—
临海市	杜桥镇、白水洋镇、东塍镇	河头镇、尤溪镇、沿江镇、小芝镇、桃渚镇、涌泉镇、括苍镇、汇溪镇、汛桥镇、上盘镇、永丰镇	—	邵家渡街道、江南街道、大田街道	—
温岭市	泽国镇、大溪镇、松门镇、新河镇	坞根镇、温峤镇、滨海镇、城南镇、石桥头镇、石塘镇	—	城北街道、横峰街道	—
玉环市	楚门镇、沙门镇	干江镇、芦浦镇、龙溪镇、清港镇	鸡山乡、海山乡	坎门街道、大麦屿街道	—
天台县	平桥镇、白鹤镇	石梁镇、洪畴镇、三合镇、街头镇、坦头镇	雷峰乡、泳溪乡、龙溪乡、三州乡、南屏乡	福溪街道	赤城街道（天台山和合小镇）、福应街道（滩岭）、始丰街道（下科山）、平桥镇（前山村）

续表

等级	中心镇	一般镇	乡	独立于城区的街道	原乡驻地的村
仙居县	横溪镇、白塔镇	田市镇、官路镇、埠头镇、朱溪镇、下各镇	淡竹乡、上张乡、双庙乡、皤滩乡、大战乡、步路乡、溪港乡、安岭乡、湫山乡、广度乡	南峰街道	—
三门县	健跳镇	花桥镇、横渡镇、珠岙镇、亭旁镇、浦坝港镇	蛇蟠乡	沙柳街道	—

2.3.2 规划引领，全程把控

结合美丽县城、美丽乡村、乡村振兴等工作，台州市统一谋划，编制以环境卫生整治、城镇秩序整治、乡容镇貌整治为重点的小城镇专精综合整治规划，并注重与主体功能区规划、土地利用规划、城镇总体规划、新农村规划、环境保护规划等相关规划的充分衔接，确保小城镇环境综合整治行动的落地实施。同时，台州小城镇环境综合整治规划注重两个方面的把控。

1. 注重整治规划编制的把控

按照提水平、强支撑、重管控的工作思路，切实提升小城镇环境综合整治的规划设计水平，着力完善小城镇环境综合整治规划设计实施和管控机制，同步推进历史文化遗产保护、"台州民居"特色打造等工作。

2. 注重对整治规划评审的把控

通过组织规划方案对接会、规划方案评审会、规划成果审查会有效提升了规划编制的质量和效率。通过邀请多家规划设计单位参加，采取全域集中评审会的方式，实现专家坐镇把方向、多方征集明思路，从而"量身定制"规划内容，形成具有地方元素和地方特色的小城镇环境综合整治规划。

2.3.3 精准定位，特色优先

小城镇定位是决定小城镇今后发展的指南针，是对小城镇过去与现实的总结，是面向未来发挥优势、避开劣势，抓住机遇、迎接挑战的抓手，是关于小城镇今后发展方向、发展战略的指引。台州小城镇结合"山海水城、和合圣地、制造之都"的新定位，梳理历史文化、区位特征、产业构成、资源禀赋、文化特征等多重要素,确定城镇特色定位。进而,小城镇环境综合整治规划紧扣城镇定位主题,重视民居特色保护,通过精心设计,创新和美化乡镇民居外部建筑形式,既体现"台州民居"特色,也满足新时期居民的生产生活需求。

1. 突出农旅资源特色

"山海水城"优势的挖掘,需与当地农业特产、地理环境等相结合。一些以农业、旅游产业为主导的乡镇,注重凸显自然与人文的资源禀赋,展现未来田园小镇、人文小镇、旅游小镇发展目标的愿景。该类小城镇多结合自身特色农产品,融入自身发展特色,体现其独特的旅游资源和人文资源,以获取外来游客对于城镇的第一感知印象。其主要案例有:农业旅游小镇"蜜橘之乡"临海市涌泉镇、"杨梅之乡"仙居县步路乡;红色旅游小镇椒江区大陈镇、三门县亭旁镇;山地旅游小镇仙居县白塔镇、淡竹乡等。

2. 突出综合服务特色

"和合圣地"意味着文化多元包容的发展目标。该地拥有众多中心镇,在功能上突出综合服务职能,形象定位强调产城融合。综合服务特色小镇的主要代表有:"眼镜名都"临海市杜桥镇、"水乡小镇"温岭市箬横镇、"机电之城"温岭市泽国镇、"高铁新城"仙居县官路镇、"电力新城"三门县健跳镇、"情怀小镇"天台县街头镇。

3. 突出制造业特色

围绕"制造之都",台州小城镇将汽车及零部件、模具与塑料、智能马桶、缝制设备、泵与电机、洁具水暖、制衣制鞋等产业元素全方位融入小城镇环境整治和形象提升中,打造"一镇一园一品"(表2-7)。制造业特色城镇主要有:"汽车小镇"路桥区蓬街镇、"模具小镇"黄岩区新前街道、"家具小镇"玉环市清港、"鞋业小镇"温岭市横峰街道等。

台州市小城镇环境综合整治"一镇一品"形象定位　　　　　表2-7

区、县、县级市	乡、镇、街道、原乡驻地的村	形象定位
椒江区	大陈镇	红色海岛,原真渔村,聚客锚地
	章安街道	千年古都,人文展厅,宜居家园,活力章安
	三甲街道	三美三甲,生态小镇
	下陈街道	缝制智造之都,时尚休闲下陈
	洪家街道	市列珠玑,璀璨洪家
	前所街道	海防古邑,现代港城
黄岩区	江口街道	三江聚合,物流小镇

续表

区、县、县级市	乡、镇、街道、原乡驻地的村	形象定位
黄岩区	新前街道	智能制造，模具小镇
	澄江街道	甜蜜澄江，橘园小镇
	高桥街道	绿色小镇，人文高桥
	院桥镇	绿色低碳，锦绣院桥
	宁溪镇	山水田园，秀美宁溪
	沙埠镇	慢城旅游，休闲沙埠
	头陀镇	源缘福地，田园美镇，动感小城
	北洋镇	特色农业观光小镇
	平田乡	红色小镇，星火平田
	上垟乡	湖里桃源，养生上垟
	屿头乡	宜居宜游，风情小镇
	富山乡	云端小镇，富在深山
	上郑乡	清水拙韵，康养上郑
	茅畲乡	森林小镇，人文茅畲
路桥区	横街镇	安宝故里，美丽横街
	峰江街道	红色据地，绿美峰江
	金清镇	滨海小城，美丽金清
	新桥镇	大雅扶轮，和乐新桥
	蓬街镇	筑塘逐梦，美丽蓬街
	桐屿街道	湖光山色，活力新城
	螺洋街道	经世致用，秀美螺洋
温岭市	城北街道	河港秀城，活力鞋镇
	横峰街道	温岭鞋业发源地，山水宜居城区
	泽国镇	特色水乡古镇，品质生活新城
	大溪镇	泵业智造名城，东瓯山水美镇
	松门镇	海韵古卫城、乐活新港——大美松门
	箬横镇	田园古镇、现代新城——水乡箬横
	新河镇	一江穿城，两岸锦绣，旅游休闲，文韵新河
	坞根镇	红色故里，栖居小镇——醉美坞根
	温峤镇	千年古镇，美丽温峤
	石塘镇	吉祥如意，和美石塘
	石桥头镇	温岭东部小镇，生活主入口
	城南镇	灵秀养心小镇，山海活力南城
	滨海镇	宜居、宜业、宜游的特色田园小镇

续表

区、县、县级市	乡、镇、街道、原乡驻地的村	形象定位
临海市	江南街道	生态宜居的主城区南大门
	大田街道	水律山韵、灵秀大田
	邵家渡街道	生态宜居山水城区
	杜桥镇	浙东古邑、眼镜名都
	白水洋镇	美丽城镇典范，山水生态型小城市
	河头镇	清雅小镇、逸享山水
	小芝镇	绿谷慢城、朴素小芝
	尤溪镇	山水乐城、梦里花园
	沿江镇	山川毓秀、大美沿江
	东塍镇	魅力东塍、彩灯之乡
	桃渚镇	山海宜居地，风华古卫城，休闲商贸镇
	汛桥镇	山水江城，宜居小镇
	括苍镇	以自然和人文有机融合为特色的山水名镇
	永丰镇	慈孝永丰、山水画乡
	汇溪镇	古韵汇溪、生态园乡
	上盘镇	滨海特色小镇
	涌泉镇	恬蜜小镇、幸福涌泉
玉环市	坎门街道	山海渔韵，乐居坎门
	大麦屿街道	海上门户，活力港城
	楚门镇	水乡古镇，宜居楚门
	清港镇	田园山水城村，同善宜居清港
	沙门镇	五门海城、灵港沙门
	干江镇	滨海城镇，美丽干江
	龙溪镇	花园小镇，宜居龙溪
	芦浦镇	山水田园，乡野芦浦
	鸡山乡	东海渔岛，欢乐鸡山
	海山乡	海上桃源，山中天地
天台县	福溪街道	宜居宜业的滨水商贸品质新城
	平桥镇	现代山水小城市，建设美丽天台西大门
	白鹤镇	长三角地区知名的假日休闲小镇
	石梁镇	云端上的世界旅居小镇
	三合镇	产业重镇，和美三合
	洪畴镇	山水相邀樱花小镇
	街头镇	历史文化旅游名镇
	坦头镇	生态宜居、时尚活力、魅力新城
	雷峰乡	姜尚后裔，修养福地

续表

区、县、县级市	乡、镇、街道、原乡驻地的村	形象定位
天台县	三州乡	烽火圣地，茶香三州
	龙溪乡	隐逸小镇，养生福地
	泳溪乡	霞客首游地，漫步泳溪里
	南屏乡	山水花田，农旅故乡
	和合小镇	和合圣地，养心天堂
	下科山整治点	整洁，有序，宜人体现城郊特色
	前山整治点	昔日繁华集市，今日风情小镇
	滩岭整治点	南黄门户，枫光旖梨
仙居县	田市镇	书画田市，文创小镇
	埠头镇	九都风情，水韵埠头
	上张乡	云上霞张，隐逸山城
	双庙乡	花园乡村，有机小镇
	广度乡	禅修养生小城
	大战乡	水畔诗韵小镇
	步路乡	绿色步路，杨梅小镇
	下各镇	多彩福地小城
	皤滩乡	文化修养小镇
	溪港乡	非遗主题特色小镇
	官路镇	锦绣官路，高铁新城
	淡竹乡	尚居·仁里文化小镇
	南峰街道	山水新城，诗画南峰
	安岭乡	岭上人家，梯田山乡
	白塔镇	神仙居所，厚仁之乡
	横溪镇	人文商贸重镇，宜居健康名城
	朱溪镇	山水朱溪，飞翔小镇
	湫山乡	湫水宜人，在山一方
三门县	健跳镇	电力城 海港城 田园城
	蛇蟠乡	海岛旅游风情集镇
三门县	沙柳街道	浙东沿海民居，滨溪生态休闲
	花桥镇	湾区滩歌气象、耕海牧渔风情、花果飘香田园的千年古韵花桥
	横渡镇	田园风情小镇，公共服务基地，休闲旅游服务中心
	亭旁镇	红色元素，革命亭旁
	浦坝港镇	浙东生态湾、临港产业城、滨海小城市
	珠岙镇	现代，生态，山水风情小镇

2.3.4　专项细化，项目入库

台州市小城镇编制"车乱开"整治、"线乱拉"整治、"低散乱"整治等专项规划，实现全覆盖，使小城镇环境综合整治更加科学精准。

1."车乱开"专项规划

切实解决小城镇道路交通秩序中存在的突出问题，改善小城镇道路交通环境，补齐小城镇发展短板。通过整治实现主干道路机动车、非机动车、行人守法率达标，杜绝燃油助力车上路行驶等。

2."线乱拉"专项规划

通过规范小城镇户外线缆架设，着力解决乱拉、乱牵、乱挂的"空中蜘蛛网"现象。加强电网升级改造，统筹推进电力、通信、广电等架空共杆建设，规范有序实施空线入地改造，有效推进"上改下"工程建设。

3."低散乱"专项规划

以转型升级为主线，以小城镇低端落后产能和"三合一"等企业集中、易引发生产安全、环境污染、节能降耗等突出问题的乡镇（村）工业区块、加工点为重点，坚持整治"低散乱"与鼓励"大众创业、万众创新"统筹结合，全面实施"低散乱"块状行业整治提升专项行动（表2-8、表2-9）。

台州小城镇环境综合整治专项规划案例　　　　　　　　　　　　　表2-8

续表

"低散乱"整治专项规划

玉环市清港镇项目清单 表2-9

空间			具体项目						工程造价（万元）
	整治目标	内容分类	管理型项目（软）	时间节点	内容分类	建设性项目（硬）	时间节点		
新游线整治提升（打造与S226呼应的玉环美丽连接线）	温岭至凡宏段	沿线风貌打造	治理"车乱开"	杜绝燃油助力车上路行驶	2017年6月	建筑整治	破旧墙体粉刷与局部重建	2019年底	350
				查处道路交通违法行为	2017年6月		"赤膊墙"粉刷	2019年底	
			治理"摊乱摆"	整治散乱经营空间、游商游贩	2017年6月		沿街建筑物外立面主题化翻新	2019年底	
				经营场所货物堆放整齐	2017年6月		改造广告牌、门头统一设计改造	2019年底	
							文旦市场提升	2019年底	
				整治散乱经营空间、游商游贩	2017年6月	景观提升	沿线绿化提升、沿线庭院风貌整治，路灯配套	2019年底	

续表

空间		具体项目							
		整治目标	内容分类	管理型项目（软）	时间节点	内容分类	建设性项目（硬）	时间节点	工程造价（万元）
新游线整治提升（打造与S226呼应的玉环美丽连接线）	温岭至凡宏段	沿线风貌打造		经营场所货物堆放整齐	2017年6月	景观提升	宏苔路改造及党群服务综合楼景观提升	2025年底	350
	凡宏至迎宾路段		治理"摊乱摆"	整治散乱经营空间、游商游贩	2017年6月	建筑整治	破旧墙体粉刷与局部重建	2018年底	1275
							"赤膊墙"粉刷	2018年底	
				经营场所货物堆放整齐	2017年6月		沿街建筑物外立面主题化翻新	2018年底	
							改造广告牌、门头统一设计改造	2018年底	
			治理"乱占道"	取缔占道经营、占道施工	2017年6月			2018年底	
				实现田路分家，清除僵尸车	2017年6月		清港客运中心形象提升	2018年底	
				查处货运车辆随意卸货	2017年6月	景观提升	车站口景观营造	2018年底	
				建立专人定期巡查机制	2017年6月		道路两旁提升绿化景观	2018年底	
			治理"车乱开"	杜绝燃油助力车上路行驶	2017年6月		新游线跨同善塘河桥梁美化、亮化	2018年底	
				查处道路交通违法行为	2017年6月		路灯完善	2018年底	
	迎宾路至楚门段		治理"摊乱摆"	整治散乱经营空间、游商游贩	2017年6月	建筑整治	破旧墙体粉刷与局部重建	2019年底	300
							"赤膊墙"粉刷	2019年底	
				经营场所货物堆放整齐	2017年6月		沿街工业建筑物外立面主题化翻新	2019年底	
							改造广告牌、门头统一设计改造	2019年底	
			治理"乱占道"	取缔占道经营、占道施工	2017年6月		改造广告牌、门头统一设计改造	2019年底	

续表

空间		具体项目							
		整治目标	内容分类	管理型项目（软）	时间节点	内容分类	建设性项目（硬）	时间节点	工程造价（万元）
新游线整治提升（打造与S226呼应的玉环美丽连接线）	迎宾路至楚门段	沿线风貌打造	治理"乱占道"	实现田路分家，清除僵尸车	2017年6月	建筑整治	工业违建拆除	2019年底	300
				查处货运车辆随意卸货	2017年6月	景观提升	沿线绿化提升、沿线庭院风貌整治，路灯配套	2019年底	
				建立专人定期巡查机制	2017年6月		清港楚门交界处景观设计	2019年底	

合计：1925

台州小城镇环境综合整治实施过程中加强项目库建立，统筹项目资金，衔接项目实施时序，推动整治项目有序实施。各小城镇通过加强培训、制定目标，确保"一张蓝图画到底"，出台《台州市小城镇环境综合整治规划编制阶段目标与成果要求》，以"两张清单一张图"（问题清单、项目清单、整治区位图）为基底，以问题清单为导向，以整治项目为抓手，设计单位"住到乡镇、沉到基层、融入乡风"。

2.4 台州市小城镇环境综合整治内容与成效

台州小城镇环境综合整治规划以环境卫生整治、城镇秩序整治、乡容镇貌整治为重点。本次台州市小城镇环境综合整治行动涵盖全市111个乡镇（街道），包括全部85个乡镇和部分街道。2017年，49个小城镇通过市级核查验收，2018年底，已有91个通过省级达标验收，通过率82%，提前超额完成"达标比例70%以上"的省定目标，剩余20个小城镇也已经完成整治任务并已申报省级验收，有望实现"三年任务两年基本完成"的目标（表2-10）。

2017年与2018年整治项目及投资   表2-10

时间	小城镇综合整治项目（个）	总投资（亿元）	已完成投资（亿元）	完成率（%）
2017	2647	105.9	88.2	83.3
2018	2745	108.02	107.72	99.72

2.4.1　环境卫生整治

1. 2017年环境卫生整治

2017年环境卫生整治重点是卫生乡镇创建、地面保洁和水体清洁。

（1）卫生乡镇创建

排定卫生乡镇创建三年计划，将创建工作纳入美丽台州目标考核。7个新创的国家级卫生乡镇资料完成市级评估和推荐上报工作。14个乡镇、16个街道成功创建省级卫生乡镇（街道）；48个乡镇全部创建市级卫生乡镇，卫生乡镇创建率从2016年底的全省倒数第二位提升至目前的市级卫生乡镇全覆盖。省级卫生乡镇创建率为41.18%，国家级卫生乡镇申报创建率为12.94%。

（2）地面保洁

建立健全环卫保洁机构，实现111个小城镇环卫保洁队伍全覆盖。加大环卫设施设备投入，增加环卫经费，添置环卫车辆，提升机械化作业水平，机械化清扫率达到80%以上，实现由人工清扫向机械化清扫的根本性转变。加大环卫基础设施投入，足量配置环卫车辆、分类果壳箱（垃圾桶）等环卫设备。加强生活垃圾压缩式中转站、公厕、果皮箱等环卫设施的日常检查和维护。建立健全运营管理制度，确保各类乡镇环卫设施完好、整洁、安全运转。

（3）水体清洁

结合"五水共治"，强化公共水域综合整治，巩固提升"清三河"成效，加强河流、湖泊、池塘、沟渠等各类水域保洁，逐步恢复坑塘、河湖、湿地等各类水体的自然连通，从而有序推进清淤疏浚、保持水体洁净、剿灭劣V类水等工作，该项目获"五水共治"大禹鼎7座。截污纳管、河湖库塘清污（淤）、河道综合整治和断头河连通工程、农业农村面源治理、生态补水与生态修复、排放口整治等项目全面超额完成年度任务，较好地完成了年度治水重点任务。

2. 环境卫生综合整治

2017年的环境卫生整治内容涵盖乡镇交管站等八个方面（表2-11），2018年在总结2017年经验的基础上，把环境卫生整治归为建设卫生乡镇与建设健康乡镇两个方面（表2-12）。

2017 年台州市环境卫生整治内容　　表 2-11

乡镇交管站（个）	交通安全劝导服务站（个）	专职交通管理员（人）	交通安全协管员（人）	十类重点违法（起）	查处不按交通信号灯规定通行（起）	车辆和行人（起）	"六乱"点位（处）
106	3678	715	6840	1691474	1228539	341956	42000

2018 年台州环境卫生整治内容　　表 2-12

乱停车（辆）	乱堆物（处）	乱摆摊（处）	乱开挖（处）	乱建筑（处）	乱竖牌（处）
23114	14639	21256	250	1074	4345
"六乱"点位（处）	数字警务室（个）	十类重点违法（起）	道路视频监控点位（个）	机动车不按规定停放（起）	查处不按交通信号灯规定通行（起）
4392	52	229	39 万	182.8	64678

（1）卫生乡镇建设

截至 2018 年底，在全市 85 个乡镇中，推荐上报的 48 个新创省级卫生乡镇和 2 个复审省级卫生乡镇，均已通过省级暗访待命名，加上已命名的 35 个省级卫生乡镇，有望实现省级卫生乡镇创建全覆盖，超额完成省 70% 的任务。

（2）健康乡镇建设

台州市先后下发《台州市健康乡镇建设指导规范》《台州市健康社区（村）建设指导规范》《台州市健康家庭建设指导规范》《台州市健康单位建设指导规范》，将健康乡镇建设工作纳入全市年度创建重点工作和县市区经济社会发展目标责任制考核，要求每县（市、区）完成 3 个健康乡镇建设任务。

2.4.2　城镇秩序整治

台州城镇秩序整治主要包括治理街面秩序、治理建房秩序、治理"线乱拉"三个方面。

1. 治理街面秩序

按照全域整治、循序渐进的总体思路，进一步深化集镇区秩序管理体制，全面推动台州市"道乱占"整治行动，按照"363"综合整治工作方案，持续开展"六乱"整治、加快推进三大基础设施建设。并坚持以问题为导向，在 847 条道路的基础上制定"一路一策"，分类处置。

2. 治理建房秩序

加强老旧小区提档整治，积极推进镇中村、镇郊村和棚户区改造，优化住宅功能布局,改善居住环境。加大对违法建筑的查处和整治力度,坚决遏止和打击违法建设行为,23个小城镇成功创建"无违建乡镇"。2017年底,结合"三改一拆""四边三化"等工作,消除"赤膊墙"和"蓝色屋面"1.34万余处、307.7万m²。推进环境整治与民居改造建设同步设计、同步实施,加强自然生态和历史文化保护,注重景观风貌和乡土特色控制,建设具有"台州特色"的乡镇民居。

3. 治理"线乱拉"

围绕"既定目标不变、过程管控到位、上下联动支撑、验收同步推进"的主线,提前布局谋划,倒排计划表,全面推动"线乱拉"治理。对部队、公安及交警等特殊缆线整治制定一条龙交钥匙整治方案,降低风险提升感知度;对电力、广电及三大通信运营商精心组织沟通会议,达成共建共享共识;对老百姓动之以情、晓之以理,排除焦虑。将社会力量拧成一股,实现跨行联动,上下一心推进"线乱拉"整治。鼓励运营商打包认领责任区,制定"一片一牵头一方案"计划,推进传输主干线整改进度;政府专人领导,运营商和施工队联合攻坚,一次性解决入户线整治问题。同时,制定"线乱拉"整治长效管理指导意见,各县(市、区)、乡镇(街道)细化出台具体的实施办法和方案,将规划有审批、建设有审查、管理有审核落到实处,"线乱拉"增量管控成效显著。

2.4.3　乡容镇貌整治

台州乡容镇貌整治主要包括沿街立面整治、"低散乱"治理、配套设施建设三个方面。

1. 沿街立面整治

各小城镇深入挖掘当地的特色文化,着眼"一街一特色、一路一景致",分类开展主次街道、重点节点、旅游景区景点等的立面整体设计和改造,提升景观和灯光亮化,通过采取对空调室外机采用花格箱装置、对老式破旧卷帘门统一更换或喷绘图案和安装门楣挡板、结合棚户区改造和"平改坡"对有碍景观的屋顶整体式太阳能热水器和水箱等进行移位、对店招采用"拆除违章乱设、改造风貌协调"、推进可再生能源建筑一体化等办法,实行拆改结合,在治理立面整洁的基础上,努力创建"最美街区"。

2. "低散乱"治理

以老旧工业点改造和小微企业园建设为突破口,成立领导小组,市长担任组长。召开专题现场推进会,市委市政府主要领导参加会议并作工作部署。市里出台《台州市传统产业优化升级行动计划》《台州市小微企业工业园建设改造三年行动计划》等一系列文件,县(市、区)也出台相应的扶持政策。以大破促大立、以大拆促大建。2017年底,全市淘汰整治"低小散"企业(作坊)4283家,"低小散"问题企业(作坊)整治计划完成率达235%;整治2.1万家"低散乱"企业(作坊),2018年整治2536家、居全省第二。2017年,全市整治范围内新增小微企业园13家、开工新(改扩)建标准厂房171.5万㎡。截至2018年底,全市共建成小微企业园36个,建筑面积381万㎡;在建79个、771万㎡。探索实施"聚、退、转、改"等多种方式,整合集聚一批、坚决取缔一批、退二进三一批、零地技改一批、综合改造一批,科学利用存量建设用地。2018年,全市368个老旧工业点启动改造281个,其中拆后退出工业用途82个、拆后重建用于工业86个、综合整治113个;已基本完成改造79个,拆除建筑528万㎡。

3. 配套设施建设

加强垃圾中转站等环卫设施建设,推进垃圾分类处理,提高减量化、无害化、资源化处理水平。加强污水处理设施建设和运行维护管理,稳步提高生活污水的收集处理率、运行负荷率和出水达标率。加大公共停车场(库)建设力度,完善道路交通设施,打通"断头路",修补破损路,疏通拥堵点,完善交通安全设施和标志设施。建立有效的城镇"绿线"管理制度,维护"绿线"管理的法定性、权威性,确保现有绿地不受侵占、破坏。大力实施植树增绿、拆违补绿、拆墙透绿行动,见缝插针地开展庭院绿化、房前屋后绿化,多种植乔木和乡土、彩色树种。加强风景名胜资源保护和景观森林建设,加快构建开放、便民的公园绿地系统,每个乡镇都建设一个向公众开放、以游憩为主要功能的公园绿地。

第 **3** 章 环境卫生整治

3.1 地面卫生整治

3.2 水面卫生整治

3.3 卫生乡镇创建

3.4 厕所革命

第3章 环境卫生整治

环境卫生整治是小城镇环境综合整治的基础工作,也是小城镇风貌提升的第一步。台州小城镇环境卫生整治在实践中逐步实现"从洁化到生态保护"的升级,通过地面卫生整治、水面卫生整治、创建卫生乡镇、厕所革命等一系列行动,以及建立长效管理机制等,使洁化工作在小城镇全域内快速推进。进而建立起生态保护框架的观念,抓住"人"这一核心要素,让广大群众主动参与到环境卫生整治和生态文明建设中。

3.1 地面卫生整治

台州市各小城镇积极开展环境卫生集中整治行动,将环境卫生整治向纵深推进,形成"全域整治"格局。

3.1.1 地面卫生清洁

地面卫生整治区域不仅包括各乡镇主次干道和重要节点等重点区域,还集中突出背街小巷、城中村、农贸市场等脏乱差地区的卫生治理(图3-1、图3-2)。各乡镇集中开展垃圾"清仓点验"行动,清除卫生死角,推动垃圾日产日清,以及通过领片包干、干部驻点、不定期定时巡查的方式进行全域化整治。如椒江区三甲街道开展区域环境综合整治"百日攻坚"专项行动,全面清理居民门前屋后的乱堆放和街区、小区卫生死角等,确保城镇人居环境干净清爽、整洁有序,在整治中,台州各县(市、区)清除了大量垃圾(表3-1)。

2018 年台州市各县(市、区)清除垃圾重量一览表   表 3-1

县(市、区)	椒江区	黄岩区	路桥区	临海市	温岭市	玉环市	天台县	仙居县	三门县	合计
清除垃圾总量(万t)	12.4	9.8	10.9	4.3	46.7	45.7	5.2	11.8	1.7	148.5

图 3-1　仙居县湫山乡背街小巷

图 3-2　临海市河头镇背街小巷

调研发现，乡集镇区家禽圈养、柴火堆放等对乡镇整体风貌美观影响较大。

在实践中，台州各小城镇的家禽圈养整治采取两种有效方式：一是将集镇区的家畜集中于政府专门划出的地方进行集中圈养；二是集镇区禁止圈养家畜，对集镇区内的狗进行圈养，禁止放养。

柴火堆放整治也有两种方式：一是将柴火在一个地方集中存放；二是将柴火与整个城镇文化相结合进行设计，使其不仅可以改善原先杂乱的面貌，还可以给乡镇增添田园诗意（图3-3）。

图 3-3　堆放柴火特色小品展示图

3.1.2　环卫设施投入

1. 垃圾收集设施

台州市增加环卫设施设备投入，添置环卫车辆，提升机械化作业水平，从人工清扫向机械化清扫发展，机械化清扫率达到80%以上，减少人工成本。配置足量环卫车辆、分类果壳箱（垃圾桶）等环卫设备。如路桥区横街镇2018年投入资金250万元用于购置环卫设备,做到垃圾收集、堆放、转运和处理日产日清,目前11个村居已实现垃圾桶装化运作。

2. 转运站建设

台州市加强生活垃圾压缩式中转站、公厕、果皮箱等环卫设施的日常检查和维护。建设大型垃圾分拣中心,形成垃圾分类处置生态闭环。至2018年底,台州市新建及改建垃圾中转站163个,垃圾转运中转速度大大提升(表3-2)。

2018年台州市各县(市、区)新建及改建垃圾中转站一览表　　表3-2

县(市、区)	椒江区	黄岩区	路桥区	临海市	温岭市	玉环市	天台县	仙居县	三门县	合计
新建及改建垃圾中转站(个)	8	23	14	31	11	26	21	23	6	163

天台县三州乡建立"户源头分类、村收集处理"的生活垃圾生态化处理模式,投入110万元建成垃圾生态房11座,投入50万元建成1座机器处理房,在乡统一清理区建立10个垃圾分拣场,共分发"二分法"垃圾桶3000个,配备垃圾分类车17辆,专业分拣员25名,实现垃圾生态化处理全覆盖。

三门县健跳镇投资400万元建成一座镇级垃圾资源化处理中心,全镇垃圾经过分类后统一运到这里处理,真正实现了垃圾"减量化、资源化、无害化"处理。同时,安排机关干部"走村入户"发放倡议书5000余份,并充分发挥"琴江之声"广播、"健跳港"微信公众号等平台的宣传作用,从而提升群众自发参与垃圾分类、维护自家周边卫生的意识。

3.1.3　长效机制建立

台州各小城镇探索建立现代制度化卫生保洁机制和管理模式,以满足"16+12+8"的小城镇一天整洁度,即按清扫保洁面积6500~8000m²/人的标准配备人员,保证主要街道保洁16小时以上,次要街道保洁12小时以上,以及其余街巷8小时的保洁时间。

1. 建立市场化保洁机制

椒江区采用市场化操作模式聘请4家保洁公司,实行分区包片,对集镇范围实行每天12h以上的常态化保洁,做到垃圾收集、转运、处理日产日清,改变了过去雇村民当散工的卫生管理模式。

三门县健跳镇将保洁工作整体外包,镇区保洁通过公开招标的方式承包给杭州钱王物业公司,高标准配备洒水车、扫地车等专业机械进行全时段、全方位、全天候"规范化"保洁,做到卫生整治不留死角。

临海市杜桥镇成立环卫服务有限公司,配备专职环卫工人270名,组建村级环卫小分队123支;尤溪镇对村两委、党员和村民代表定岗、定责、定位,明确责任区,落实联系户,保障卫生长效机制落实。

2. 探索居民保洁激励机制

台州一些乡镇政府基于社情民意,创新出与当地实际情况相符合的居民保洁激励机制,充分发挥居民在环境卫生整治中的主体作用,引导当地群众改变不良的生活方式和观念,使群众积极主动地参与到日常环境卫生整治中,维护城镇环境卫生,并对破坏环境卫生的行为进行监督、劝导。

黄岩区澄江街道实行垃圾分类"二分法",实施家庭"甜蜜积分"制度。户主可以凭借积分到指定商店兑换生活用品,每村每月大约需要支出1万多元。澄江街道垃圾分类工作成为黄岩区示范样板。

玉环市鸡山乡将垃圾分类治理与小城镇环境综合整治结合起来,投入200余万元改造垃圾资源利用站、垃圾中转房以及购置资源化处理设备,积极发挥村民自主性,推动了垃圾分类的有效实施,破解了"垃圾围岛"问题。2017年,岛上垃圾减量达到20%以上;分类后的可堆肥垃圾得到再生利用,厨余垃圾资源化处理率超过60%,资源回收率达到20%,形成了垃圾分类的"鸡山经验"。

仙居县淡竹乡探索建立"绿币"兑换制度。根据《淡竹乡绿色生活清单》,游客凭借清单兑换"绿币",可在商家抵价使用,兑换物品,调动游客积极性,参与乡村治理。

台州居民保洁激励机制典型案例　　　　　　　　　　　　表 3-3

乡镇	生态理念	工作机制
黄岩区澄江街道	垃圾分类甜蜜积分	户主可以凭借积分到指定商店兑换生活用品,每村每月大约需要支出1万多元。澄江街道垃圾分类工作也成为黄岩区示范样板,同时受到了国家发改委以及省市区相关领导的关注和现场指导
玉环市鸡山乡	垃圾资源化"鸡山经验"	2017年,岛上垃圾减量达到20%以上;分类后的可堆肥垃圾得到再生利用,厨余垃圾资源化处理率超过60%,资源回收率达到20%,形成了垃圾分类的"鸡山经验"
天台县南屏乡	生态银行	

续表

乡镇	生态理念	工作机制
仙居县淡竹乡	绿色货币	制定《淡竹乡绿色生活清单》，列出 9 项"绿币"兑换条件。建立"绿币"兑换制度，游客凭清单到游客中心向工作人员兑换"绿币"。"绿币"可在商家抵价使用，也可兑换毛巾、垃圾袋、鲜花等物品
仙居县淡竹乡	绿色货币	

注：根据相关乡镇的小城镇整治验收汇报材料整理。

3.2　水面卫生整治

台州市水域众多、水系纵横，但长年基础设施欠账以及区域内零散的乡镇企业污水污染等原因，使得台州水生态安全问题日益突出。近年来，针对水环境污染的突出问题，台州在实践中探索出将"水面卫生洁化与水生态修复"工作相结合，水环境改善效果显著。台州市的河道面貌全面改观，小微水体的颜值持续提升，"清清池水、百姓乐道"的画卷接连不断地展现在各个小城镇之中。同时，通过水文化、水元素与乡镇结合，将其充分整合其中，如三门县健跳镇全面引入"亲海元素"，把"山魂、海魄、水韵"融入城镇建设。

3.2.1　水面卫生洁化

2014年起，台州开始实施以"固河堤、疏河道、新开河、畅管网、除涝点、强设施"为主要内容的"五水共治"工作。在此基础上，2017年，台州开展"剿劣Ⅴ类水"及"污水零直排"行动，强化台州公共水域的综合整治，尤其是巩固提升以整治黑河、臭河、垃圾河为主的"清三河"成效，加强对于河流、湖泊、池塘、沟渠等各类水域保洁，逐步恢复坑塘、河湖、湿地等各类水体的自然连通，推进清淤疏浚，保持水体洁净。

1. 主要措施

台州小城镇水面卫生洁化工作，有以下三方面措施。

（1）开展项目整治

通过安装截污纳管、清河湖库塘污（淤）、综合整治河道和连通断头河工程、水环境治理、农业农村面源治理、生态补水与生态修复、排放口整治、小微水体治理、一河一策等项目，改善水环境卫生。路桥区横街镇2018年完成全镇21个村（居）累计5962户的农村生活污水纳管工程，实现农村生活污水治理全覆盖。拆除沿河违法建筑27858m²，清淤85000m³。

（2）查处污染企业

通过查处整治沿河排污工业企业，减少污染源，从源头上减少水环境污染。如温岭市石塘镇采取涸泽而治，放空所有河水，干涸三个月，开挖污水流入河段查找暗管和渗漏点。整治过程中清理暗管5根，清理河道淤泥24000t，立案查处企业14家。同时，要求所有水产冷冻企业的厂房实施雨污分离和明沟明管改造，并安装在线监控系统，厂房外一厂一管，直通污水处理厂，一旦发现超标，立即封堵停止排放。

（3）严守污水排放准则

政府严格要求工业企业园区的废水需经处理后纳管或达标方可排放，各园区内雨水、污水收集系统完备，雨、污管网布置合理、运行正常。另外，监测要求全覆盖，纳污处理设施与污水产生量匹配，工业园区内所有入河排污（水）口完成整治。针对各个企业做好"零直排"和"一厂一策"，建立"一园一档"档案备案，完善整个污水设施管理流程。如玉环市大麦屿街道建设"污水零直排区"，实施大麦屿污水处理厂提标改造、中水回用等工程，启动了普青工业区、李家小区"污水零直排区"工作试点，涌现出了一批"治水铁军"。

2. 污水处理设施建设

推进截污纳管工程是台州污水处理的主要策略。台州各小城镇通过新建雨污管网和改造提升排水管网，增加整体的污水处理能力（表3-4、图3-4），发展一、二级管网建设，与三级管网形成配套完善的污水收集网络，采用高标准污水治理模式，将生产、生活类污水排入污水收集管道，实现污水管网市域全覆盖。

如黄岩区宁溪镇投入1.3亿元，分15期建设总长110km的污水管网建设，完成污水处理厂提升改造、北片污水泵站建设和42个村居的农村生活污水治理工程。基本实现镇区污水管网系统和污水处理设备全覆盖，实现准四类水排放，保证"台州大水缸"的水质安全。

2018 年台州各县（市、区）增加雨污排水能力一览表　　　　　　　　　　　　表 3-4

县（市、区）	新增污水处理能力（t/ 日）	新建雨污管网（km）	改造提升排水管网（km）
椒江区	10000.0	83.9	2.0
黄岩区	9648.5	147.5	132.9
路桥区	4000.0	232.2	22.5

续表

县（市、区）	新增污水处理能力（t/日）	新建雨污管网（km）	改造提升排水管网（km）
玉环市	19130.0	491.0	100.2
温岭市	88380.0	118.6	57.0
临海市	54550.0	113.7	35.5
天台县	41452.5	142.3	51.9
仙居县	14296.0	139.9	239.7
三门县	460.0	15.8	12.1
合计	241917.0	1484.9	653.8

图 3-4 玉环市大麦屿污水处理厂

3.2.2 水生态修复

水的生态修复对可持续发展至关重要,台州不仅是海洋大市,同时也是平原水乡大市。小城镇整治为台州海洋与河湖生态修复建设提供了更多机会。

生态环境治理是一项投资大、周期长的艰巨任务,需要从技术层面予以创新。各乡镇通过运用最新国内国际先进技术来推进生态治理与生态修复,确保生态文明建设落到实处。引入海绵城市理论,通过一系列的分散小型的源头控制设施,使城市水循环、水文条件尽量保持开发前后的一致性。

1. 海洋生态修复

台州是海洋大市,东部沿海海岸线长达651km,近海有12个岛群,691个岛屿。台州滨海小镇主要集中在椒江区、路桥区、温岭市、玉环市以及三门县,如路桥区金清镇、温岭市石塘镇、三门县健跳镇等。海岛乡镇有椒江区大陈镇、玉环市海山乡、玉环市鸡山乡、三门县蛇蟠乡等。这些滨海小镇和海岛乡镇在小城镇环境综合整治过程中,将海洋保护、生态修复作为重要整治内容,使海洋保护、生态修复步入"快车道"(表3-5)。

"滨海小镇"生态建设典型案例

表 3-5

乡 镇	项 目	策 略	措 施	成 效
椒江区大陈岛	建设人工鱼礁	渔民转产、渔业资源修复	建设人工鱼礁用以修复破损生态,提供海洋生物多样性的保护和渔业资源的修复	促进了海洋渔业资源的可持续发展
温岭市石塘镇	整治污染企业	退企还滩	通过实施"退企还滩、岸滩整治",关停低小船厂,实现"水清、岸净、景美"的目标	重现了金沙滩靓丽的风景
玉环市海山乡	建设红树林海洋生态保护区	防浪护坡	红田村海边作为红树林纬度最高的北部种植基地,目前已经发展到了1500亩种植面积	改善海洋的生态和海洋的环境;成为候鸟中意的越冬场和迁徙中转站
玉环市海山乡	整治茅埏河	五水共治	放养鱼苗、种植净水植物、拆除养猪场及河岸违建,并率先完成剿劣任务	海岛面貌日新月异,环境改善后,村民自豪感油然而生,保护环境成为自觉行为
三门县健跳镇	"五个一"工程	美化门户、打造地标	全面引入"亲海元素";融入"山魂、海魄、水韵"	初步成为沿海地区一座现代化港口能源新城
三门县蛇蟠乡	打造"六美海岛"	因地制宜规划引领融合发展	平整乱头滩,建设成为"露营基地""游艇码头";拆除全岛范围内的违章建筑和危房	"美丽海岛"的绿化率提升至66%;加快岛上亚热带植物园建设

资料来源:根据相关乡镇的小城镇整治验收汇报材料整理。

位于台州东北端的滨海县三门,有全市最大陆域面积的浦坝港镇、最美渔港之一的健跳镇、最具知名度的海岛蛇蟠乡等众多滨海小镇。在这些小城镇环境综合整治过程中,将海洋元素充分整合其中,把"山魂、海魄、水韵"融入城镇建设。

位于东南部的椒江区大陈镇是一个海岛镇,渔民活动对海岛生态破坏较为严重。在大陈镇环境综合整治中,开展渔网清理行动,并会同区海洋渔业局出台废弃网具、禁用网具、统一回收等政策,同时开展"变废为宝"的废物利用行动,减少了渔网和废物对生态环境的侵害,还海岛乡镇一个美丽环境。

2. 河湖水生态修复

台州是平原水乡大市,温黄平原通过南官河、月河哺育了路桥区峰江镇、温岭市泽国镇、温岭市大溪镇等。针对水乡小镇特色,台州小城镇环境综合整治努力打造"水网相通、山水相融、城水相依、人水相亲"的河湖水环境。对河湖水的污染在抓源头治理的同时,注重治水成效巩固,从而全力打造美丽水环境,让治水成果惠及更多百姓。整治行动重点修复内河水体,通过截污纳管、生态修复等多种手段,消除水体劣V类现象,达到跨区域河流交接断面水质考核达到良好以上。

"水乡小镇"落实"清三河""一河一策"生态建设典型案例　　　　表3-6

乡　镇	措施／成效
温岭市城北街道	建成截污主干管网23km，二三级管网66.83km； 北城污水处理厂一、二期1万t污水处理提前完工并投入运行，污水排放标准从原来的一级B提升到准四标准； 有效改善了水环境
温岭市大溪镇	54个农村生活污水工程、51个城镇生活污水管网工程顺利完工，城镇污水一、二级主管网全面完成并顺利通水； 水体质量大幅提升，污水集中收集处理率达90.9%
温岭市泽国镇	在"五水共治"的助力下，河道、小微水体清理等让河道面貌有了明显的改善。以南官河、金清大港、联树桥河等沿河绿化建设为重点，新建3km的牧屿沿河绿道、广场路扁屿段沿河绿道、楼下段沿河绿道，推进沿河环境绿化、美化，努力实现水清、岸绿； 采用"引水入园"的理念，规划设计新浃山公园，实现雨洪管理和生态培育功能，净化空气和保持生态多样性
温岭市新河镇	投资2亿多元，全区域建成城乡污水处理设施； 实现金清大港可游泳、建成区污水零直排、农村生活污水处理设施全覆盖，全面消除劣Ⅴ类水体； 实施金清大港绿道景观工程，完成18km沿港漫步道，建成17个亲水平台。廿四弓河、运粮河、环城河等3条景观河道项目也在有序开展中，将新增5.5km沿河漫步道
路桥区峰江街道	对河流进行全面疏浚，清除河面漂浮物、河岸垃圾，有效消除了对河道水体的污染。同时，进一步加快河岸绿化工作，目前大部分河道两侧均种上了各类树木； 建造沿河绿色休闲长廊、文化生态公园，并对部分河道实施生态边坡砌石改造、景观设施提升、生态修复工程等，增加生态性、景观性
天台县福溪街道	天台县福溪街道始丰湖南岸景观绿化二期工程，投资1873.2592万元，东起始丰大桥，西止新104国道，施工总面积约211986m²，其中硬质工程18222m²，绿化工程193764m²； 建设内容包括室外硬质铺装、园路、花坛、汀步、亲水平台、水景、景石、软质景观、照明、亲水茶室、卖品部建筑等工程

资料来源：作者根据相关乡镇的小城镇整治验收汇报材料整理。

水乡小镇最为集中的路桥区与温岭市，针对水体流动的区域特性，采取联合治理模式，将"清三河""一河一策"等政策措施落实到每一个相关城镇（表3-6）。这些措施主要包括三个方面：一是污水处理厂、主次管网、纳污接管、农村生活污水等市政工程；二是污水集中处理、河道小微水体清理、水体质量治理等河道水质工程；三是沿河沿岸绿化美化、亲水平台等景观生态工程。同时，各乡镇通过运用水生态系统、海绵城市技术等国际国内最先进的技术、材料来推进生态治理与生态修复，确保水生态修复项目落地实施（图3-5、图3-6）。

图3-5　整治后的路桥区金清镇徐家河

图3-6　整治后的玉环市龙溪镇华岩浦河

3.2.3 长效机制建立

台州各小城镇积极推行河长制或湾滩长制，建立河道保洁机制和"清三河"长效机制，对整治后的成效进行维护，提升民众水生态保护意识。路桥区横街镇深化"河长制"，要求"河长"每月巡河不少于3次，特别是加强池塘、沟渠等小微水体的巡查、清理，确保水域保洁到位，水质洁净，水面无漂浮物、无乱倒生活和建设垃圾等现象。温岭市石塘镇还实行陆海联动，将治水从陆上延伸到海上，成立海上保洁队伍，组建岸滩巡查员队伍，开发巡滩APP，常态化开展巡查。关停沿海乱排污水产冷冻企业24家，封堵入海排污口53个。2018年3月13日，温岭市石塘镇作为全国湾（滩）长制试点工作现场会唯一参观点并作经验介绍。下陈街道建立"环卫公司负总责、村环卫站督导检查、街道干部协助配合"的三级联动机制，同步巩固提升"清三河"长效机制，通过设置河长公示牌、安装河长巡河APP，实现水陆联动。

3.3 卫生乡镇创建

卫生乡镇创建是小城镇环境综合整治中的重要抓手（表3-7），台州市在全省率先制定卫生乡镇创建攻略、完善创建政策、简化创建程序、明确创建任务、树立创建典型、加强创建督导、制定创建作战图、实施创建销号等措施。通过排定卫生乡镇创建三年计划，将卫生乡镇创建工作纳入美丽台州的目标考核范围，现已取得积极成效。如温岭市泽国镇自2015年9月开始创建国家卫生乡镇，2016年8月通过省级考核验收，2017年6月被正式命名为"国家卫生乡镇"，为温岭市首个获得此称号的乡镇。临海市、路桥区创建卫生乡镇均取得了达标率100%的好成绩。

台州各县（市、区）创建国家级卫生乡镇名单（2018年）　　　　表3-7

县（市、区）	2016年命名的国家卫生乡镇复审名单	2017年推荐上报的国家卫生乡镇创建名单	2018年推荐上报的国家卫生乡镇创建名单
椒江区			大陈镇
黄岩区			院桥镇、宁溪镇
路桥区	金清镇	横街镇	
临海市		桃渚镇	尤溪镇、小芝镇、白水洋镇、括苍镇、河头镇、杜桥镇
温岭市	泽国镇		大溪镇、箬横镇、新河镇
玉环市	楚门镇	清港镇、沙门镇	

县(市、区)	2016年命名的国家卫生乡镇复审名单	2017年推荐上报的国家卫生乡镇创建名单	2018年推荐上报的国家卫生乡镇创建名单
天台县		平桥镇、石梁镇、雷锋乡	白鹤镇、街头镇、南屏乡、三州乡、龙溪乡
仙居县	横溪镇		湫山乡、淡竹乡、安岭乡
三门县			亭旁镇、健跳镇
合计(家)	4	7	22

台州卫生乡镇创建主要围绕创建卫生乡镇和健康乡镇(小镇)两个方面展开工作。

3.3.1　创建卫生乡镇

台州市整治办发文《卫生乡镇创建专项实施计划》[①],明确创建目标任务、工作内容和工作要求,把"干干净净、整整齐齐、漂漂亮亮、长长久久"作为推进小城镇环境综合整治的基础性标准。

2017年底,市级卫生乡镇从45个增加到85个,实现市级卫生乡镇全覆盖,省级卫生乡镇从原来的21个增加到35个,推荐上报了7个国家卫生乡镇。2018年底,全部市级卫生乡镇争创省级、全部省级卫生乡镇争创国家级,推荐上报21个国家级卫生乡镇。截至2018年底,台州市已实现省级卫生乡镇全覆盖,创建浙江省级卫生乡镇85个,国家级卫生乡镇4个。

此外,垃圾分类管理与城镇卫生管理是创建卫生乡镇的重要内容。各小城镇在宣传、示范、教育的基础上,结合卫生包干、统一庭院卫生标准、不定期监督等行动,引导居民提升卫生意识,改变生活方式。改善居民屋前屋后、背街小巷的卫生难题。如临海市桃渚镇制定农户(商户)"门前三包"、干部联户文明劝导等制度,推行卫生保洁和病媒生物防治市场化运营。

3.3.2　创建健康乡镇(小镇)

台州市整治办统筹推进健康乡镇与健康小镇建设,先后下发《台州市健康乡镇建设指导规范》《台州市健康社区(村)建设指导规范》《台州市健康家庭建设指导规范》《台州市健康单位建设指导规范》等一系列文件,将健康乡镇(小镇)建设工作纳入全市年度创建重点工作和县市区经济社会发展目标责任制考核中,要求每县(市、区)完成3个

---

① 台州市小城镇环境整治办.台州市小城镇环境综合整治三年行动计划(台城镇领办 [2016]).2016-12-13.

健康乡镇（小镇）建设任务。2018年11月印发《2018年台州市健康乡镇考核验收办法》，并召开全市健康乡镇（小镇）建设工作现场推进会，全面部署和推进健康乡镇（小镇）建设工作。

3.4 厕所革命

厕所与民众的日常生活密切相关，良好的厕所环境不仅可以提升民众的生活质量还可以提高乡镇的整体风貌。2018年度，台州市政府出资整改及新建厕所，推行"人畜分离"，改变原来人畜混居的状态，引导人们改变传统落后的生活习惯。在省政府下达的7750座的目标要求下，台州市下达完成7900座的目标，推进"厕所革命"。

3.4.1 目标与成效

2018年度，台州市围绕全年改造完成农村公厕（省政府下达任务数为7750座）7900座的目标要求，推进"厕所革命"。全面完成7901座农村公厕改造任务，完工率达100%。其中，完成对标改造5870座，提升改造1387座，补缺新建644座（表3-8、图3-7~图3-11）。

2018年度台州市农村公厕改造一览表　　　　　表3-8

序号	县（市、区）	市下达任务数（座）	完成数（座）				完成比例（%）
			对标	提升	补缺	小计	
1	椒江区	375	371	3	1	375	100
2	黄岩区	873	616	132	125	873	100
3	路桥区	443	377	38	28	443	100
4	临海市	1848	691	1107	50	1848	100
5	温岭市	1543	1440	0	103	1543	100
6	玉环市	357	260	3	94	357	100
7	天台县	787	700	2	86	788	100.13
8	仙居县	751	665	0	86	751	100
9	三门县	923	750	102	71	923	100
合计		7900	5870	1387	644	7901	100

图3-7　路桥区横街镇生态公厕

图3-8　临海市永丰镇新建公厕

图3-9　天台县平桥镇公厕

图3-10　温岭市城南镇星级公厕

图3-11　仙居县官路镇公厕

3.4.2　经验总结

1. 多种形式加强技术指导

农村公厕革命需要全面的技术指导,台州有以下措施:一是建立学习交流平台。如建立市政府民生实事工作钉钉群、台州智慧系统工作钉钉群、系统农村公厕项目QQ群、微信群、钉钉群等交流群,定期或不定期通报各地工作进展情况、互相学习、交流工作经验、传达省、市最新工作要求,及时解答工作中遇到的困难和问题。二是组织开展培训交流。为正确理解改造标准,合理确定改造资金,把握改造要求,专门邀请省级专家来指导培训工作。三是编印通用图集。市、县级结合实际,编印《农村公厕方案图集》并免费提供给乡镇(街道)、行政村用于指导农村厕所改造,强化技术指导。

2. 推行公厕建设全过程管理

台州在推进公厕革命过程中,实施从要素到建设的全方位管理,主要内容有:一是落实资金。各县(市、区)积极争取县级财政资金,全市累计投资约3亿元财政资金用于农村公厕改造。二是建立档案。对全市农村公厕改造实施项目清单化管理,建立"一厕一档一表一案",同时,将改造前后的公厕照片、施工方案和验收资料留档保存。三是加强日常管理。建立农村公厕管理服务制度,做好公厕保洁维护工作,争取公厕达到"四无"要求。

3. 全面摸排掌握公厕真实需求

台州市对农村公厕分布情况、质量和数量进行全面摸排,通过村级第一轮底数上报、乡镇(街道)第二轮摸排核对、建设部门第三轮现场拍照取证等方式,对每个公厕的具体点位、类别、管理主体、蹲位、面积、粪污处理方式和现有管理情况等进行集中梳理,并建档保存,做到底子清、情况明,经过两轮征求县(市、区)意见,进而结合实际确定公厕改造总目标数量,然后按照改造任务指标和行政村数量比例相近原则(2:1),将改造任务分解到各县(市、区),最后落实到具体点位。

4. 创新管理模式提高公厕革命推进速度

在台州推进农村公厕革命过程中,尝试创新项目管理模式提高工作效率。如椒江区提出"建立施工企业目录库"改造模式,即通过招投标对入选的施工企业和备选的施工企业组成企业目录库;对施工进度、施工质量进行综合考评,推行淘汰机制;黄岩区对新建农村公厕统一打包,采用EPC方式统一招标建设,由中标单位统一设计、采购、施工、试运行,最后验收合格后交付乡镇投入使用。

5. 地域文化元素融入特色公厕设计

台州各个小城镇将本土元素、乡土文化特色等运用到厕所设计之中。公厕设计统一的标志,提高辨识度,通过在公厕墙体及内部设施上运用地方特色文化要素彰显地方特色。

除此，还结合传统村落、乡村旅游、海岛渔区等特色主题元素，积极打造与自然和谐共生的绿色公厕。

第**4**章　城镇秩序整治

4.1　"道乱占"治理

4.2　"车乱开"治理

4.3　"房乱建"治理

4.4　"线乱拉"治理

4.5　"低散乱"整治与产业转型升级

4.6　配套设施建设

4.7　城镇治理水平提升

第4章　城镇秩序整治

　　台州小城镇的"道乱占、车乱开、房乱建、线乱拉、企业低散乱"等"乱象"较为普遍，严重影响了小城镇的运行秩序。在城镇秩序整治过程中，台州不仅针对上述突出问题提出具体整治方案，使城镇形态结构明显优化、城镇功能整体提升、城镇道路交通更为通畅，也重视保护和延续小城镇自然风貌，注重挖掘和传承小城镇文化基因。通过重塑镇口形象、街头广场、公园等公共空间打造和街景立面风貌改造，充分展示小城镇的生态、文化、产业特色，使得小城镇整体风貌得到明显提升（图4-1）。

图4-1　环境综合整治后小城镇新貌：温岭市大溪镇

4.1 "道乱占"治理

　　"道乱占"整治内容主要包括乱停车、乱堆物、乱摆摊、乱开挖、乱建筑、乱竖牌等。为有效治理"道乱占"，台州市制定《台州市小城镇环境综合整治"道乱占"治理363行动方案》，即建设集贸市场、城镇道路附属设施、环卫等三大基础设施；开展乱占道、乱停车、违法建筑、违法户外广告标牌、违法挖掘接坡、侵占桥下空间等六大专项整治；建立乡镇（街道）领导、"街（路）长制"、多部门综合执法联动巡查机制、实行居民"门前三包"制度等三项长效机制。

4.1.1 治理措施

1. 制定长效管理机制

台州各个小城镇对于"道乱占"的治理从建立长效管理机制入手，建立乡镇（街道）领导、"街（路）长制"、多部门综合执法联动巡查机制，实行居民"门前三包"制度。在所有小城镇的主干道、次干道、其他道路实施由乡镇（街道）四套班子领导担任街（路）长的"街（路）长制"，并形成"街（路）长制"数据库和平面图。同时，以问题为导向，分类处置，街（路）长牵头制定"一路一策"。

2. 整治行动与民生改善相结合

在"道乱占"整治中，"乱摆摊"整治是重要的内容。小城镇马路"摊乱摆"严重影响了乡容镇貌、加剧了城镇交通混乱拥堵，但客观上也极大地方便了周边居民生活，不能简单地取缔了之。为此，台州市采取"禁"与"改建"两种方式统筹改善城镇秩序与民生问题。一方面积极开展精细化管理和徒步巡查制度，采取地毯式清理，禁止"乱摆摊"；另一方面新建农贸市场，为城镇居民提供便利服务。

椒江区三甲街道乱占道、乱摆摊等问题突出。为解决农民自产自销和马路市场乱摆摊的矛盾，三甲街道以"因地制宜、合理疏导、有序安置、规范管理"为原则，投入100多万元，对临时自产自销点、疏导点的经营环境进行提升改造，既保障街面整洁有序，又解决农民销售难题。

黄岩区屿头乡没有固定的农贸市场，每月农历二、五、八为集市日，商贩定期集中在屿头桥一带，人来人往，极为热闹。但同时也带来严重的"脏乱差"现象和交通安全隐患。对此，乡政府一方面在屿头桥两侧的屿头村、沙滩村划出摊位线，满足交易需求；另一方面在连续三个集市日，于凌晨四点开展"亮剑行动"，把桥头市场往两侧空地搬迁。

4.1.2 治理成效

经过整治，台州小城镇"道乱占"情况大为改观，各乡镇管理方式也从以往的被动式强制性管理模式逐步转变为引导式示范型管理模式。

台州市在整治"道乱占"中,共新建、提升改造农贸市场142个,提升改造道路附属设施127364处。847条道路由街(路)长牵头制定了"一路一策"。截至2018年11月,台州市共清理"乱摆摊"21256处(表4-1)。梳理道路两侧杂乱环境,还原道路交通流动空间,显著提升城镇人居环境。

台州市治理六乱工作概况   表4-1

清理乱停车 (辆)	清理乱堆物 (处)	清理乱摆摊 (处)	清理乱开挖 (处)	清理乱建筑 (处)	清理乱竖牌 (处)
23808	14639	21256	250	1074	4345

4.2 "车乱开"治理

在小城镇环境综合整治中,台州市整治办下发了《台州市小城镇道路交通安全设施整治导则》,推动"车乱开"整治行动的开展。

4.2.1 治理措施

台州各个小城镇治理"车乱开"主要有以下四个方面的措施。

1. 制订道路交通专项规划

通过开展道路交通专项设计,实现小城镇道路交通专项设计全覆盖,力推小城镇"车乱开"整治(图4-2)。

图4-2 路桥区"车乱开"整治

2. 实行乡镇智能交通管理

在入镇口建电子监控卡口,在镇域主干道路和停车场、拥堵点等位置安装具有抓拍违停、货车闯禁功能的监控设备,并接入公安交警部门后台管理系统;在中心镇建设拥有指挥调度、拥堵预警、道路监控、信号控制、违法抓拍、信息查询等具备智能交通综合功能的数字警务室;结合台州市交警局的智慧新警务建设,依托道路卡口,以镇级四个平台为支撑,充分运用大数据技术等科技手段,积极研究和探索交通管理的实战应用,突破时空界限,全天候、随时随地精准管控路面交通,有效地震慑了交通违法行为。

3. 加强"两站两员"制度建设

台州市整治办与市治堵办、市公安局联合下发《台州市"两站两员"建设工作实施方案》,推动全市"两站两员"(即乡镇设立交管站,配置专职交通管理员,村级设立劝导站,配置兼职交通信息员)建设工作。努力实现对乡镇机动车、驾驶人监管、乡镇道路交通管理、交通违法劝导以及交通安全宣传点对点的网格化管理,进一步推进农村地区道路交通安全管理工作。

4. 建设长效管理机制

在完善基础设施、探索管理新思路的基础上,结合"四个平台"等智慧技术,台州全市公安交警、行政执法、市场监督等部门开展综合执法,达到标本兼治。如仙居县一方面通过引导全民参与,形成共管共享;另一方面建立大数据平台,运用好云管理,对各乡镇的主要街区、重点区域等进行监控,可以发现问题、有无巡查、接受百姓举报等。

对于长效管理机智的建立与完善,仙居县的做法值得借鉴。一方面,通过引导全民参与,形成共管共享。为积极引导城镇老百姓参与监督管理,形成爱护城镇卫生秩序、公共设施人人有责的良好氛围,仙居县朱溪镇召集镇村党员干部、乡贤、城镇群众代表、网格员等,建立了一个微信"哨子"群,镇里相应组建了处置组、维修组、秩序组等,形成"一人吹哨,全民联动"的共管共享新格局。另一方面,建立大数据平台,运用好云管理。仙居县有18个小城镇,监管的范围广、难度大。为此,建设大数据平台,运用好云管理,对各乡镇的主要街区、重点区域等进行监控,可以发现问题、有无巡查、接受百姓举报等。现已形成方案,并正在完善。仙居县南峰街道开发了"峰回路转"小城镇便民导航APP,公共厕所、停车场、休闲公园、医院药房、银行站点等一目了然。

4.2.2　治理成效

台州市民的交通安全意识大幅提升,交通违法率和事故率明显减少,2017年和2018年,台州交通事故平均下降38%,交通死亡事故平均下降40.5%。

自小城镇环境综合整治以来,台州市小城镇共排查整改交通隐患10000处;封闭不合理道口350处;新增停车位65421个;安装爆闪灯4400个、警示桩29000个、交通警示标志1800个;建设交通违法视频自动抓拍点811处,新建路口信号灯和电子警察系统128个;新建道路视频监控点位4392个,数字警务室52个;建立交通管理站111个、交通劝导站4143个,配备交通劝导员9689个、交通专管员835个;共发放头盔18万个,组织交通安全宣传1800多场次,查处乡镇十类重点违法229万起。

4.3 "房乱建"治理

4.3.1 治理措施

1. 结合"三改一拆"优化城镇空间结构

台州"房乱建"整治工作主要结合"三改一拆"进行。台州政府将这些拆出的大量老旧空间,作为未来发展空间和居民及游客的公共活动空间。使得小城镇天空的可见度更宽广、空间使用度更自由、人居环境容量更大、更美。

2. 引导拆后利用提升城镇空间品质

台州各县(市、区)充分利用拆后有限空间大力提升城镇人居环境。在拆除各类违法建筑的同时,也大力推行"改"和"建",使原本城镇的消极空间和脏乱空间变成包括城镇可开发建设用地,以及供居民休闲游憩的城镇口袋公园或社区绿地广场等,提升小城镇品质。

3. 加强制度化管理规范建房行为

台州市对拆后建房执行严格管理——执行"一书三证"制度。"一书"为《建设项目选址意见书》,"三证"为《建设用地规划许可证》《建设工程规划许可证》《乡村建设规划许可证》。同时,建立农民个人建房带方案审批和"四到场"监督制度。严格的建房管理制度,对"房乱建"行为起到很好的控制作用。

4. 与浙派特色民居建设相结合

台州市在治理"房乱建"过程中,将特色民居建设和美丽宜居示范村建设相结合。新建城镇和农村民居注重突出地域地貌特色,采用白墙、黑瓦、坡顶、花格等"浙派民居"元素,充分凸显"浙派民居"中的台州韵味。

黄岩区宁溪村上下宅村建设上宅、下宅、小街直街安置区，通过统一规划设计、统一资格联审、统一招标建设、统一监督施工、统一配套设施、统一建房分配，建成256间具有宁溪特色的"浙派民居"示范区，并推广屋顶太阳能，实现可再生能源建筑一体化（图4-3）。

图4-3　黄岩区宁溪村上下宅村新区安置点

4.3.2　治理成效

在"房乱建"治理过程中，台州拆违总量、拆违进度、拆后的土地利用，以及五年累计拆后土地利用面积均居浙江省前列。其中，台州南部的椒江区、温岭市和玉环市的小城镇拆违力度最高，拆迁总量分别为6.3万m²、10.4万m²、5.5万m²。在拆后利用率方面，北部的天台县、仙居县、三门县较高（表4-2）。

2018年台州市各县（市、区）拆违情况　　　　　　　　　　　　　　表4-2

县（市、区）	拆违（万m²）	拆后利用（万m²）	整治赤膊墙（万m²）	整治蓝色屋面（万m²）
椒江区	6.3	3.3	0.1	0.2
黄岩区	3.3	2.1	0.5	0.3
路桥区	4.3	1.8	0.1	0.3
玉环市	5.5	3.4	0.3	1.1
温岭市	10.4	75.1	0.3	0.3
临海市	4.8	1.8	0.1	0.7
天台县	0.9	0.5	0.1	0.1
仙居县	1.1	0.6	0.5	0.1
三门县	2.4	1.8	0.1	0.1
合计	39	90.4	2.1	3.2

台州将拆后可利用地作为提升小城镇品质的空间载体。温岭市通过"三改一拆"形成

小微园区、小微创业园区、小微电子园区，推动存量用地再开发，尤其是低效工业用地再开发，清退违章违建工业厂房，促进旧工业区改造提升，提升土地使用集约率。天台县福溪街道通过"三改一拆"建设各类公园，美化提升人居环境，增加文化休闲设施，实现土地增值、产业增值、人民增值。仙居县埠头镇将废弃场所拆除，整治成为游客服务中心、生态停车场等场所（图4-4、图4-5）。

图4-4　天台县福溪街道"拆后利用"形成始丰湖

图4-5　仙居县埠头镇"拆后利用"建立游客服务中心

4.4　"线乱拉"治理

　　针对"线乱拉"现象，台州市政府积极协调各相关责任主体，形成合力，全面推动"线乱拉"治理。对部队、公安及交警等的特殊缆线，制定一条龙交钥匙整治方案，降低风险提升感知度；对电力、广电及三大通信运营商精心组织沟通会议，达成共建共享共识；对老百姓动之以情、晓之以理，排除焦虑。从而集中社会力量，实现跨行联动，上下一心地推进"线乱拉"整治。除此，还鼓励运营商打包认领责任区，制定"一片一牵头一方案"计划，推进传输主干整改进度；政府专人领导，运营商和施工队联合攻坚，一次性解决入户线整治问题。

4.4.1 治理措施

"线乱拉"整治工作包括以下四个方面。

1. 编制"线乱拉"治理专项规划

全面摸排工程量及投入人力计划,协调通信、广电和电力等部门的市、县(市、区)二级公司,确定工作内容和计划,编制"线乱拉"治理专项规划。

2. 设计数字化进度推进报表

通过移动智能化平台、互联网手段、FTP服务器、视频、照片、文字说明等方式创新管控手段,全面收集"线乱拉"整治现状的影像、文字等资料,完成台州全市原始影像资料的收集,及时掌握进展情况,实现工作可管可控。

3. 规范户外缆线架设

按照强弱分设、入管入盒、标识清晰、牢固安全、整齐有序、美观协调的要求,着力解决乱接乱牵、乱拉乱挂的"空中蜘蛛网"现象。借鉴城市地下综合管廊建设和通信管道共建共享的做法,积极实施架空线入地改造。加强电网改造升级,建成结构合理、技术先进、供电可靠、节能高效的供电网络。

4. 制定"线乱拉"整治长效管理指导意见

各县(市、区)、乡镇(街道)细化出台具体的实施办法和方案,将规划有审批、建设有审查、管理有审核落到实处,"线乱拉"增量管控成效显著。

4.4.2 治理成效

截至2018年底,台州市111个小城镇完成"线乱拉"整治"上改下"877km,清理合并杆路681根,入户线整理246425户,打造共享充电桩72站,"空中蜘蛛网"整治实现了翻天覆地的变化。2018年,台州市各区域建立精品示范街区和示范乡镇(街道),树立椒江区大陈镇、路桥区横街镇、黄岩区宁溪镇和屿头乡、温岭市坞根镇、玉环市清港镇、天台县石梁镇和平桥镇、仙居县白塔镇、三门县蛇蟠乡等一批高标准示范乡镇和街区(图4-6~图4-9)。

图4-6　天台县平桥镇团结路整治后

图4-7　玉环市清港镇线路整治后

图4-8　天台县三州乡线路整治后

图4-9　仙居县白塔镇线路整治后

　　椒江区下陈街道2017年按"强弱分设、入管入线、标识清晰、牢固安全、整齐有序、美观协调"的基本原则，分类实施"线乱拉"治理专项行动，整理街巷杂乱无序线缆，并杆架设弱电线路，拆除重复杆、多余杆83根。同时，改造入户线缆，尽量由建筑侧、背面入户或整洁有序贴墙走线隐蔽敷设，彻底清除废弃线缆。完成机场路沿路架空线入地改造，洪三路强、弱电线路分别整合并杆，中心街强电杆清洁美化、弱电杆路采用墙壁电缆（管槽）方式敷设，镇前路线缆"上改下"等工程，共计整治"线乱拉"7000多米，改善空中视觉效果，增强线网抵御自然灾害的能力（图4-10）。

图4-10　椒江区下陈街道"线乱拉"交通整治前（左）、整治后（右）

温岭市新河镇规范户外缆线架设和线路布局，组织营造商到现场勘察，推进架空线入地改造工程，对城区新中路、振兴路、环城北路等16条街道22.4km的空中"蜘蛛网"进行改造规划。实施线路"上改下"整治，消除了百姓头上的"蜘蛛网"，让小城更靓丽（图4-11）。

图4-11　温岭市新河镇"线乱拉"整治

玉环市沙门镇开展"线乱拉"专项整治，结合建成区范围、周边村的实际情况，以上改下、桥廊、捆扎、线槽等方式分类推进。同时，将本不在整治要求内的周边几个村纳入整治范围，从实现空中线缆规范有序、整洁美观的目标出发，确保以点到面、融线于景，实现全域线路改造（表4-3）。

玉环市沙门镇线乱拉整治方式　　　　　　　　　　　　　　　　　　　　　　　表4-3

治理方式	上改下	桥廊	捆扎	线槽
整治措施	通过在地下埋设通信管道，将空中线缆移至地下进行规范整治	将管线隐藏在广告牌、店招等设施后面	多条线缆集中捆扎，规范整治	搭建线缆小槽，将房屋外围电线集中整理至小槽中，形成规范整治
整治照片				
整治区域	重要道路、主次干道	沿街墙面	支路与道路交叉口	主要在各小区中搭建

4.5 "低散乱"整治与产业转型升级

台州自改革开放以来，经济快速发展，但原有分散的家庭作坊式经济模式，随着宏观条件变化竞争优势逐渐减弱，台州经济转型势在必行。如何从原先分散的块状经济转变为适应市场需求的新经济模式，是台州亟待解决的现实问题。"低散乱"整治为台州小城镇产业转型升级提供了一条现实路径,为实现"制造之都"目标找到一个切入点。

4.5.1 "低散乱"整治

1.治理措施

"低散乱"整治是打造"制造之都"的关键,台州制定了一套从目标到计划、从策略到模式的整体整治体系。

整治伊始,台州市即确定"按照全面破除小城镇产业'低散乱'旧格局,按照'彻底告别三合一、小微企业进园区、民房群租旅馆化、职工住进宿舍里'的要求,系统谋划,全域整治,全面开展'低散乱'整治提升行动,到2020年计划整治提升中小企业8000家以上"的整治目标。

为落实上述目标,紧扣低散乱企业特征,台州市出台一系列行动计划政策(表4-4),并提出四种改造模式(表4-5),通过综合采用"聚、退、转、改"等多种方式,科学利用现有存量建设用地,依法有序推进老旧工业区块改造提升。

台州市小城镇"低散乱"整治行动计划文件　　　　　　　　　　　　　表4-4

文　件	主　要　内　容
《县市区和台州经济开发区传统产业优化升级行动计划》	"彻底告别'三合一'、小微企业进园区、民房群租旅馆化、职工住进宿舍里"; 9个县(市、区)和台州经济开发区有针对性地出台了各自的行动方案,逐个块状经济、逐个行业、逐个产业落实相关举措
《台州市小微企业工业园建设改造三年行动计划(2018—2020年)》	以"打造小微企业工业园升级版,助推小微企业集聚转型发展"为目标,不断优化园区生产配套服务、生活配套服务、政策咨询服务、人才科技服务等功能,全面提升园区发展质量和水平,为小微企业提供生产安全、配套齐全、服务高效的发展平台,促进全市小微企业健康发展
《关于加快工业地产开发建设的实施意见》	在产权分割、销售上实现了政策创新。其中,工业地产的销售及房地产权属转移登记,参照商业地产管理模式办理; 明确了项目建设涉及的存量土地利用问题,存量土地可经项目主体申请,经批准可协议出让,按市场评估确认价缴纳土地出让金
《老旧工业点改造三年行动计划》	推进老旧工业区块改造,努力实现土地利用效率明显提高、有效投资快速增长、生态环境明显改善、经济结构优化升级的目标; 通过"拆除重建""拆除退出""综合整治"等多种模式实施改造。列入政府主导再开发项目范围的地块,由政府组织统一改造,可以货币补偿、建筑产权回购和土地置换安置方式实施

台州市小城镇四种"低散乱"整治模式　　　　　　　　　　　　　　表4-5

模式类型	机　制	案　例
模式一: 政府主导型	由当地政府自建或委托国有投资公司开发建设,限价出售或出租给高成长性优质小微企业	椒江区飞跃科技园

续表

模式类型	机 制	案 例
模式二： 自主建设型	政府统一规划和建好配套设施，规范物业管理，分块供地给需要用地的小微企业，严格依规划建设，土地厂房归企业所有，政府负责运作和管理	泽国机电创业园
模式三： 工业地产型	由地产开发企业参与改造低效用地，投资工业地产，在项目验收合格后，允许投资者按约定自用或分割转让	温岭泽国西湾小微园等项目
模式四： 村集体开发型	以村集体土地为主体，建成后统一出租，或由承租方自行建设。到2018年底，共新增小微园区44家，新（改建）标准厂房301万 m²	玉环市清港徐斗小微企业园

针对"低散乱"中的厂房无序分布、消防隐患、道路乱占等问题，台州市率先建设起小微园区。台州市为全力推进小微园区，拓展产业发展新空间，明确提出小微企业园建设改造"313"工作目标[①]。坚持"政府搭台、企业唱戏、行业管理、市场运作"的理念，多元化、多模式推进小微企业园开发建设。

随着技术转型升级及小微园区的建设，部分企业由原先粗放型劳动密集型向精细型技术密集型转化，从业人员技能要求提升、数量减少，生产生活空间也逐渐分离，从原来三合一厂区（生产、仓储、宿舍）转变为生产生活分离，技术工人公寓随之出现，有效消除了消防隐患。

2. 治理成效

截至2018年底，台州共对368个老旧工业区块进行全面改造，整体提升，已启动改造288个，其中基本完成86个，治理成效显著（表4-6、图4-12）。

图4-12 2017年11月2日，省委书记车俊，省委常委、省委秘书长陈金彪调研玉环市"低散乱"企业改造情况

---

① 即到2020年，建成小微企业园及改造老旧工业点3000万 m²，实现1万家企业进园区，30万名职工进宿舍。

"四无企业"小城镇"低散乱"整治典型案例　　　　　　　　表4-6

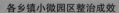

各乡镇小微园区整治成效	各乡镇小微园区整治成效

椒江区下陈街道飞跃科创园	路桥区峰江街道大丰小微园

天台县始丰街道格林金地创业园	温岭市温峤镇刃具特色园区

　　温岭市率先开启小微园区建设,引导"低散乱"小微企业入园,加强产业集聚,消除消防隐患等,并取得较好成绩。温岭市泽国镇西湾小微园实行工业地产开发,项目建成后,允许投资者按约定自用或分割转让,大幅提高土地利用率。

　　路桥区新桥镇建立了"500创业园",吸纳众多小微企业入园,同时倡导小微企业植入技术转型,升级为2.5产业[①]。具有典型意义的是一家生产汽车集成齿轮的中小企业,生产与销售两头在外,企业只集中于研发、中试,实现了从低端生产向中高端研发的成功转型。这家小企业原始股东4人,资本从2015年的8万元升至2018年底的2000万元,后续仍有巨大的增长空间。

----

　　①　研发型制造业。

4.5.2　产业转型升级

1. 产业转型升级历程

民营经济长期以来凭借低成本要素参与国际分工、以低价格产品拓展国际市场的发展方式受到了严峻挑战。低端产业、低端产品的比较优势快速丧失，高投入、高污染、低产出发展模式难以为继。而台州市民营经济占经济总量的90%，转型升级成为台州持续发展的唯一出路。

台州小城镇环境综合整治驱动产业转型升级经历了淘汰落后产能和产业转型升级两个阶段。

（1）淘汰落后产能

为打造高品质的"制造之都"，台州各县（市、区）全面开展淘汰落后产能行动。主要集中力量开展"厂中厂"整治、高耗能企业整治等专项行动，按照"凡是有违章建筑的，一律拆除；凡是不符合环保要求的，限期整改；凡是投入产出严重不匹配的，限期整改"的要求，坚决淘汰落后产能，破除低端无效供给（表4-7）。

台州淘汰落后产能典型案例　　　　　　　　　　　　　　　　　表4-7

	整治行业	整治措施	成　效
温岭市	鞋业专项整治	累计关停鞋企（作坊）5280家，拆除涉鞋违建2614宗、98.43万 m²；正有序推进87个鞋业重点村民房内鞋企整治行动	已基本实现"四无"鞋业作坊"清零"；力争鞋业生产类企业全面退出民房
三门县	橡胶行业改造提升省级试点	通过实施"拆、治、关、转、立"组合拳，关停整治"低散乱"企业216家	产值、税收不降反升，橡胶行业实现脱胎换骨

跟进落实"亩产论英雄"政策。推出以低效企业改造提升"135"专项行动①为突破口，全面深化"亩均论英雄"改革。通过实施全覆盖综合评价、全流程结果应用、全要素差别配置、全体系督查考核，推动"亩均论英雄"改革和亩产效益提升。

（2）产业转型升级

在"制造之都"目标的指引下，台州根据各乡镇实际情况，倡导小城镇产业转型升级，并按照浙江省级小城市培育目标整理出试点镇清单，结合小微企业整治、小微园区建设、龙头企业培育等，实现产业转型升级（表4-8）。

---

①　亩均税收1万元以下的企业在2018年底前基本完成改造提升，亩均税收3万元以下的企业在2019年底前基本完成改造提升，亩均税收5万元以下的企业在2020年底前基本完成改造提升。

台州市部分小城镇产业转型升级案例

表 4-8

乡镇	产业门类	措施／成效
黄岩区新前街道	智能模具、铸造、羊毛衫、汽摩、工艺品	依法整治"低散乱"企业 109 家，其中处置搬离 6 家废品回收站，关停 9 家个体户，处置 5 家非法农业合作社； 整顿完成范围内全部餐饮行业，关停 5 家；整治低散乱工业企业 88 家
温岭市横峰街道	鞋底、鞋衬、海绵、鞋花、电脑绣花、高频、包装盒（彩印）	整治以"四无"企业（作坊）为重点的"低散乱"企业（作坊）； 按照拆、打、改、疏四步走的行动方案，全年共整治 1000 多家
路桥区新桥镇	汽车、模塑、印刷、洁具、筛网、农机	传统产业聚焦印刷行业，对接世界 500 强美国当纳利集团和江苏恒华传媒，提升产业发展层级，打造集产品研发、成品展示销售、生产加工于一体的美印产业基地； 新兴产业瞄准智能装备制造，实施"瞪羚企业"培育计划，成功引进铭匠精工、铭仁科技、能伟机械等 21 家企业，全力培育 10 亿级产业规模的智能装备产业基地。同时加大人才等要素的保障力度，成立全区首个智能装备产业联盟，建成全区首个"500 精英计划"创业创新园
路桥区金清镇	五金机电、汽摩配、塑料化工、矿山钎头等四大支柱产业	2017 年，共整治"低散乱"企业 231 家，其中工业企业 220 家，无证无照企业 151 家，无安全保障企业 224 家，无合法场所企业 220 家，无环保措施企业 47 家； 圆满完成年度"脏乱差""低散乱"企业整治提升目标任务。加快小微企业创业园区建设，占地 81 亩的三联小微园区，目前已有 10 家企业入驻。深入推进旧厂区改造工作，改造提升 5.07 万 m²，完成全年任务的 127%； 推行企业"亩产效益"综合评价制度，全镇 62 家规上企业完成路桥区规上工业企业亩产效益综合评价，其中 A 类企业 9 家，B 类企业 33 家，C 类企业 16 家，D 类企业 4 家
临海市杜桥镇	眼镜产业	通过采取立即关停、迅速查封、要求整改等措施，对"低散乱"行业进行重点检查； 截至 2018 年，共检查四无企业 494 家，停电整改 93 家，查封 64 家，关停 106 家；整治餐饮店 547 家
温岭市泽国镇	小型空压机、铝塑复合材料、民族鞋业，是省空压机和鞋业商标品牌基地	采用改造提升、搬迁入园、合作转移、关停淘汰等整改方式，截至 2017 年 11 月，全镇完成 80 家"低散乱"企业整治工作，其中工业企业 43 家，非工业企业 37 家。整改提升 52 家，关停淘汰 28 家；拆除违章建筑 86266 m² 新建泽国机电创业园，项目总投资约 4.5 亿元，占地面积约 113 亩，总建筑面积约 14 万 m²，园区共有厂房 22 幢，并配有综合楼和邻里中心，是台州市首个集通用设备、电气机械和器材制造于一体的工业地产开发项目，可创造年产值近 5 亿元，上缴税收近 2000 万元，提供 1500 个以上就业岗位
温岭市大溪镇	水泵电容器，日用品塑料，水泵	以"低散乱"企业清理为重点，累计拆除面积 600 余万 m²，腾退企业 1078 家。2017 年沙岸、坎头等 2 个小微园完成建设，落实 23 家企业入园发展，全面完成"淘汰一批、提升一批、入园一批"的整治任务； 政府主导的工业地产创业园五峰一期、沙岸一期已开工建设，下阶段将陆续推出担屿、潘岙、金岙等园区，预计可落实 200 家企业集聚发展
玉环市楚门镇	楚门阀门王国，家具新都	结合旧厂区改造，改造"低散乱"企业 30 多家，拆除吴家、胡新等村级老旧厂区 37 家，面积达 23 万 m²，并对商展中心北侧旧厂区等拆后地块重新规划，提高土地效益
天台县平桥镇	由产业用布、化学制品、玻璃卫浴、橡胶制品为主导	2017 年共关停淘汰 24 家、改造提升 18 家，招商引进的上海新长征、浙江康展、嘉业医化（65 亩）、置信置业（67 亩）等 7 个项目落地开工，其中置信置业的置信智谷和嘉业医化的中小企业创业园，将为小微企业转型和高科技项目招引提供平台； 基本形成以友谊路产业用布一条街为市场、产业用布工业园区为生产基地的现代产业产销分离发展模式，扭转"低散乱""前店后厂"等不规范发展模式

续表

乡镇	产业门类	措施/成效
三门县	橡胶产业	截至2019年3月，三门县不少传统企业开始嫁接新技术，有15家橡胶企业已经进军高铁、航空、军工、新材料等领域，迈出转型之步。其中"紫金港"与航天集团旗下的飞天众智合作，开发沙滩车无级变速带，成为全市首个航空科技与橡胶产业融合的项目，打破此类产品进口垄断的局面； 设立院士工作站和人才培训基地、与科研院所合作进行橡胶产品研发与成果转化、制定省级橡胶改造提升示范区方案、推动产业链和创新链"两链延伸"

"固废拆解"行业曾为台州市五大支柱产业之一，产业区域主要在路桥区峰江街道，"固废拆解"带来了巨大利润，但也使峰江环境遭受了严重破坏，人们的健康受到极大威胁。为彻底整治固废场外拆解这颗"毒瘤"，还群众绿水青山，路桥区以"壮士断腕"的决心，掀起了一场环境革命。在2017年5～6月的20多天时间里，该街道共拆除违法建筑12万m²，取缔固废拆解点1032个，完成率高达97%。

在整治"低散乱""高污染"企业（作坊）的同时，峰江街道积极打造花木产业风貌区整体规划结构，以"绿美峰江、绿富峰江"为口号，建设台州万亩花木基地，大力引进花木产业，真正实现产业转型升级。其中，台州花木城项目是省回归工程，由昆明商会投资建设，总投资约3亿元，总用地200多亩，规划建设为集生态观光、花卉苗木展示交易、文化体验、商务办公、休闲度假等多功能于一体的花园式文化体验商城，目标是打造浙东南的花木集散中心和城市休闲商业中心（图4-13、图4-14）。

图4-13 花木城鸟瞰图

图4-14 花木城大门效果图

2.产业转型升级的服务体系创新

为支持企业转型升级，台州政府大力提升综合服务体系，主要有引导创立产业创新服务综合体和创立台州微智库两种模式。

（1）产业创新服务综合体模式

产业创新服务综合体是为广大中小企业创新发展提供全链条服务的新型载体。它是由政府引导，以产业创新公共服务平台为基础，企业为主体，高校、科研院所、行业协会以及专业机构参与,集聚各类创新资源,集创意设计、研究开发、检验检测、标准信息、成果推广、创业孵化等功能于一体,为量大面广的中小企业提供"互联网+""机器人+""标准化+"等产业公共服务,建设在传统产业领域具有竞争优势的创新型产业集群。

台州产业创新服务综合体目前有四个(表4-9)。以温岭泵业创新服务综合体为例,政府积极筹建国家水泵类产品质量监督检验中心建设,计划投资3.15亿元,建设使用面积达2万多平方米的公益性检验检测公共技术服务平台;政府组织成立帮扶专家组,提供咨询服务;组织16家出口企业开展《温岭水泵行业应对ROHS指令、制订联盟标准、突破技术贸易壁垒实施项目》;加大品牌培育,打造质量"名片"。充分发挥温岭水泵全国知名品牌示范区和浙江省区域名牌的示范引领作用,支持水泵企业开发品牌、培育品牌,形成品牌集聚。[①]

产业创新服务综合体 表4-9

县(市、区)	综合体
临海市	临海现代医药化工产业创新服务综合体
温岭市	温岭泵业创新服务综合体
玉环市	玉环市水暖阀门产业创新服务综合体
三门县	三门橡胶产业创新服务综合体

(2)台州微智库模式

台州微智库是由台州市小微办、台州市市场监管局、台州市民营企业协会等共同发起成立的,由台州北大科技园合作运营。微智库利用"互联网+"的形式,改变以往建园区、扩规模的路子,为小微企业打破空间壁垒,让更多的小微企业共享园区资源(图4-15)。

图4-15　台州微智库

①　台州市市场监督管理局.温岭积极推进泵业创新服务综合体建设推动水泵产业高质量发展 [EB/OL].http://www.tzzjj.gov.cn/art/2018/5/17/art_9263_1200055.html.

以玉环市跨界自造融创园为例,它是浙江省"惠台76条"出台后首个正式落地的两岸青年创业交流项目。园区位于浙江省玉环市滨港工业城,占地面积约10亩。该园区集科技孵化、创客创业、人才引进、企业文化培育、乡村振兴助力、工业设计等功能于一体,为两岸青年提供新的创业热土。

4.5.3　经济强镇建设

台州分类打造经济强镇,分为新型制造强镇、综合发展强镇和现代农业强镇。其中,新型制造强镇是重中之重,是产业升级的重要方向(图4-16)。

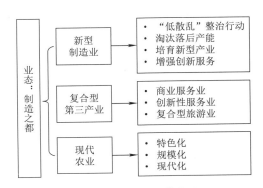

图4-16　"制造之都"体系

1.新型制造强镇

工业型小城镇是台州高质量发展的生力军,在某种程度上决定着台州打造"制造之都"能否顺利实现。为此,台州市通过以下措施强化小城镇产业支撑,打造新型制造小镇。

(1)多部门协动

建立"政府统一领导、部门各尽其职、企业规范整改、社会共同参与"的工作机制,以"一从严三加快"①为主要内容,市场监管、安监、建设、环保、经信等职能部门明确责任分工,协同齐抓,共管"低散乱"产业整治提升。

(2)多举措建园

坚持"政府搭台、企业唱戏、行业管理、市场运作"的原则,按照"规模合理、适度超前"和"先规划、后建设"的要求,结合各县(市、区)的产业特点,多元化、多模式推进小微企业园建设,打造一批集机电、智能制造等高成长性优质小微企业发展孵化园。建设模式包括政府主导开发建设模式、龙头企业开发建设模式、工业地产开发建设模式、统一规划自主建设模式、村集体开发建设模式等。

(3)"抓大扶中育小劣汰"推动产业转型

按照"个转企""小升规"的工作要求,大力开展以"抓大扶中育小汰劣"为主要内容的整治活动,推动传统产业迈上新台阶,助力行业龙头企业率先转型,培育特色鲜明的规上企业群,打造一批成长型小微企业。

---

① 即从严对标整治、加快入园聚焦、加快改造升级、加快产能合作转移。

　　小城镇环境综合整治目标之一是促进小城镇产业可持续发展。台州在促进小城镇产业转型升级过程中，引导小城镇从低质量工业化向高品质城镇化升级，打造一批特色鲜明的新型制造小镇。路桥区新桥镇淘汰落后产能为筑巢引凤"化蝶"发展创造条件（图4-17）。自2017年11月开始，新桥镇发扬"五皮精神"，聚焦新兴产业培育，开展专机行业专项招商。目前已引进钧威机械自动化、能伟机械、铭仁公司、国航数控有限公司等6家公司，正在对接落地企业5家。除此，新桥镇还围绕"美印小镇"建设，瞄准印刷产业提升，对接世界500强美国当纳利集团，促成与江苏恒华传媒的商业谈判①。

图4-17　路桥区的小微创业园

　　玉环市清港镇积极打造"文旦花开"②文化创意产业园（图4-18）。通过治危拆违，将老旧厂房转变为一个具有小资情调的文创产业园。产业园利用创意产业园平台，推广玉环本土农旅产品，经济效益明显，现已有包括影视、广告、文创、茶室、艺术体育培训等多家公司入驻，为清港镇产业升级转型发展迈出重要一步。

图4-18　玉环市清港镇"文旦花开"产业园

　　①　凤凰网浙江综合.破茧化蝶正当时 看新桥如何持续推进产业优化升级 [EB/OL]. http：//zj.ifeng.com/a/20180515/6576339_0.shtml.

　　②　搜狐政务.玉环：老旧厂房蝶变文化创意产业园，"文旦花开"开园了! [EB/OL].http：//www.sohu.com/a/289082713_170358.

2. 综合发展强镇

综合发展强镇对周边各乡镇具有一定经济产业和社会服务的辐射带动能力。台州综合发展强镇主要有房地产业、创新型服务业和复合型旅游业等带动类型。

（1）房地产业主导的综合发展强镇

房地产业的发展既为小城镇整治解决了资金瓶颈（部分或全部土地出让金返回），也为城镇空间形态塑造奠定了框架。随着小城镇环境提升，房地产业得以增长，将为提升小城镇内生造血功能奠定基础。

温岭市大溪镇、泽国镇和临海市杜桥镇等房地产业高度发展，大溪镇平均房价为12000～15000元/m²，房地产已经成为该镇主要支柱产业，房价超过内地中小城市。临海市杜桥镇平均房价高达15000～17000元/m²，国内著名房产碧桂园开发的"碧桂园·杜桥府"（图4-19）已经入驻。最新出让的100亩房地产用地资金高达10亿元，为杜桥镇赢得1亿多元的小城镇整治资金。

图4-19 临海市杜桥镇"碧桂园·杜桥府"

（2）创新型服务业主导的综合发展强镇

现代服务业的发展可以在推进小城镇产业空间重组的过程中带来城镇空间要素的优化重组。现代服务业以规模经济效应和资源整合效应在进行产业升级的同时，提升城镇功能、优化城镇空间。因此，创新型服务业的发展是推动小城镇转型的动力与有效路径之一。

台州南部海岛玉环市非常注重创新服务，为众多中小企业提供智力支撑。其特色是打造了数量众多的众创空间,有"玉环市楚门镇人才梦工场"(图4-20)、"玉环市亿工场众创空间""玉环市溯源家居科技有限公司""玉环市跨界自造容创园"等,这些都是台州市级众创空间,位居台州市第一。

图4-20　楚门镇人才梦工厂

（3）复合型旅游业主导的综合发展强镇

复合型综合发展强镇主要依靠丰富的山海水资源,高度契合台州"山海水城"的理念,使得城镇得到快速发展。

仙居县白塔镇的旅游业带动该镇商业、房地产业、旅游业等发展,成为该镇主要产业。白塔镇采取"景城一体"的发展模式,将介于白塔镇镇区和神仙居景区的中间地带打造为神仙居度假区,创建特色的"氧吧小镇"。同样被纳入"氧吧小镇"的仙居县淡竹乡,利用原始森林优势,谋求错位发展,大力发展文创产业和民宿经济。淡竹乡将小城镇整治与尚仁村传统村落保护发展合为一体,改造传统建筑,并引进上海18家文创企业落户。与此同时,淡竹民宿经济也快速发展,位于淡竹溪中下游的下叶村,全面打造民宿,吸引众多游客入住,村民经济快速增长。

仙居神仙居度假区"氧吧小镇"的创建,有着两方面的意义:一是拉开城镇空间框架,使原来集中于中部10km的镇区有效向南扩展;二是完善城镇功能,有效解决了旅游度假区接待能力不足的问题。"氧吧小镇"建立在旅游业快速发展的基础上,城镇服务功能也随之提升,位于镇政府东侧的旅游商贸综合体也得以快速建成。经过整治改造的街区公园位于商贸综合体前面,正好是开发区的门户区,政府对街区公园的打造,大大提升了商贸综合体的环境品位,使得房产更易销售,提高了房产价格。

3. 现代农业强镇

小城镇产业发展中，农业属于基础行业。台州工业经济位居全省、全国前列，大量农业人口已经转移到工商业领域。以农户为单位的小规模农业生产逐渐被规模化的农业合作社替代，为规模化、特色化新型现代农业发展创造了条件。这些规模化农业合作社，农户不参与生产，以土地入股享受分红，解放出来的劳动力进入工厂务工或经商，农民收入显著提高。

天台县平桥镇地处天台盆地平原地带，土地肥沃、用地条件好，随着平桥镇工商业发展，农业用地得以流转规模化，适宜规模农业发展。平桥镇政府打造台州市首例"农创+青创农场"现代农业园区，出台《天台县"创享+"青创农场扶持政策》，为入驻项目提供种植补贴、贷款贴息、农业生态循环和农业物联网补助等多项优惠扶持政策。青创农场为有志于从事农业领域的创业青年提供场地、技术、政策等服务支持，打造青年农业创业线下实体孵化基地（图4-21）。

图4-21 天台县平桥镇"农创 + 青创农场"

4.6 配套设施建设

4.6.1 交通配套设施建设

交通配套设施是涉及小城镇市民日常生命财产安全的重要设施,主要包括停车位、警示桩、摄像头、管理站、劝导站等众多设施。截至2018年底,已取得了部分成效(表4-10)。

2018年交通设施改善情况   表 4-10

项 目	数 量	项 目	数 量
整改交通隐患	10000 处	封闭不合理道口	350 处
新增停车位	65421 个	安装爆闪灯	4400 个
安装警示桩	29000 个	安装交通警示标志	1800 个
新建道路视频监控点位	4392 个	新建数字警务室	52 个
建立交通管理站	111 个	建立交通劝导站	4143 个
新建路口信号灯和电子警察系统	128 个	配备交通劝导员	9689 个
交通违法视频自动抓拍点	811 处	交通专管员	835 个
组织交通安全宣传	1800 多次 229 万人次	发放头盔	18 万个

注:根据台州市小城镇环境综合整治汇报材料整理。

台州小城镇经济发达,汽车已成为家家户户的必需品,但车辆无序停放却成为影响小城镇秩序的主要原因之一。在台州小城镇环境综合整治中,各乡镇、街道政府出资,按照就近原则寻找近期可实施的空闲地块建设停车场,提升群众生活的便捷程度。停车场的修建不仅可以有效改善"乱停车"现象,还可以改善医院、学校、菜市场、商业中心等区域停车需求大、供给不足的问题(表4-11)。

台州市小城镇环境整治新增停车位情况表   表 4-11

	椒江区	黄岩区	路桥区	临海市	温岭市	玉环市	天台县	仙居县	三门县	台州市
新增停车泊位(个)	5648	6462	7358	11128	12614	13534	3334	7052	2651	69781

注:根据台州市小城镇环境综合整治成效表进行整理。

4.6.2　生活配套设施建设

1. 农贸市场

小城镇多带有乡村属性,小城镇市场贸易习惯在固定日期集中进行集市交易,有特定的货源组织、交换贸易、物流运作方式。因此,小城镇农贸市场的建设不能照搬城市农贸市场兴建及运作模式。台州小城镇农贸市场建设主要采用两种模式。

（1）专门农贸市场

乡镇政府筹资建设农贸市场,划归所在地村集体管理。一方面规范了集市贸易管理,改变了马路市场"脏乱差"的形象;另一方面由村集体管理带来集体收益。多数乡镇已建成此类市场,如仙居县埠头镇农贸市场、天台县平桥镇农贸市场等。

（2）多功能农贸市场

此空间既作为定期集市,也兼具老百姓健身娱乐场所功能。仙居县朱溪镇创造性的将农贸市场与健身步道结合在一起,农贸市场设计成开放式,集市时供贸易使用,平时为村民休闲之处（图4-22）。

图4-22　仙居县埠头镇农贸市场

2. 街头公园

对于小城镇来说,建设大型公园广场资源耗费大,而街头公园更为实用且投资更少。街头公园一方面改善、提升小城镇环境面貌,另一方面为附近群众提供慢跑、观景、亲子活动的场所,具有广泛性、便利性和开放性,对提高人们生活质量,增强邻里互动具有重要意义（图4-23~图4-25）。

图 4-23　路桥区金清广场

图 4-24　玉环市楚门镇滨湖绿地公园改造后

图 4-25　仙居县白塔镇公园

　　台州市小城镇秩序整治将街头公园建设与提升列为重要项目，共新增公园绿地 1497313m²，改造提升公园1171469.56 m²（表4-12）。

台州市小城镇环境整治新增与改造公园情况表　　　表4-12

县（市、区）	椒江区	黄岩区	路桥区	临海市	温岭市	玉环市	天台县	仙居县	三门县	台州市
新增公园绿地（m²）	9425	567690	65448	86524	238197	83122	245884	188023	13000	1497313
改造提升公园（m²）	12610	211425	92877	63270.1	457674.2	122021	48782.26	94810	68000	1171469.56

4.6.3　安全设施建设

安全问题关乎民生和小城镇可持续发展能力。台州在小城镇环境整合整治过程中将补齐城镇安全设施短板作为重要内容，并创新性的运用科技手段进行"智慧城镇"打造，保障城镇安全。

早在2015年，临海市杜桥镇开始探索城镇安全设施建设道路，将智慧元素与小城镇建设融合，现已在全市推广。杜桥镇镇域内安装摄像头2143只（其中80%为高清摄像头），覆盖全镇所有行政村与社区，设立智能监管、运维管理等业务模块，及时了解整治点位实时情况，迅速落实相关部门进行整治，并在镇区14个主要交通路口安装28个高清监控摄像头，对镇区违章停车进行监控。同时，镇政府投入2500多万元，建成全国首个乡镇基层应急指挥中心，实现天网工程与应急指挥平台的充分结合，发挥其"千里眼"作用，达到智慧城管的状态。在不断完善硬件设施的同时，杜桥镇建立值班值守制度、指挥调度制度，将应急指挥中心与派出所、消防工作站、行政执法等力量整合，充分发挥其中枢作用、预警作用，实现"一体化指挥、多元化联动、常态化运作、可视化管理"，全力保障城镇安全运行（图4-26）。

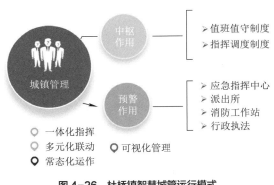

图4-26　杜桥镇智慧城管运行模式

4.7　城镇治理水平提升

4.7.1　建立基层治理体系实施网格化管理

台州在开展各类专项整治行动中，始终将城镇治理水平的提升作为整治行动的重要环境，努力建设科学有效的基层治理体系。包括加快机构部门建设，制定相关专项规划，强化管理制度出台，提高行动执行力；加强部门配合，实施网格化管理，落实管理主体责任等措施。

椒江区依托"四个平台"建立基层治理体系，运用矩阵化管理理念，对乡镇（街道）和部门派驻机构承担的职能相近、职责交叉和协作密切的管理服务事务进行统筹整合，完善相关机制，整合工作力量，形成综治工作、市场监管、综合执法、便民服务四个功能性平台[1]，从而实现"一格五员"[2]精细化管理，确保小城镇环境综合整治实现"重长效、铸精品"序化管理。

4.7.2　多管齐下全面加强城中村治理

政府对小城镇安全、交通等各方面进行管理。城中村属于城市和农村的交叉混杂地区，城中村的管理好坏最能体现小城镇治理水平。台州针对城中村规划、建设、管理中存在的突出问题，结合"三改一拆""低散乱"整治、公园绿地建设、公共设施建设等各项行动，使往日脏、乱、差的城中村以崭新的面貌呈现，成为台州小城镇环境综合整治新的亮点。如玉环市清港镇结合河道卫生整治、"三改一拆"、宅前屋后绿地建设等行动，使城中村面貌发生了巨变，全面提升了小城镇人居环境（图4-27）。

图 4-27　玉环市清港镇城中村治理后的景象

① 潘春燕. 台州着力推进基层治理"四个平台"建设 [N]. 台州日报，2017-6-10（2）.
② 一格五员指单元网格配备督导员、信息员、城管执法员、环卫保洁员、市政巡查员。

第 **5** 章　乡容镇貌整治

5.1　提升规划理念

5.2　美化建筑形象

5.3　优化园林绿化

5.4　增强文化内涵

5.5　完善配套设施

第5章　乡容镇貌整治

　　乡容镇貌不仅与乡镇居民的生活息息相关，也是最先进入外来游客的视野之面。台州各小城镇结合自身山水资源，提出不同的美化策略，在乡容镇貌美化方面下足功夫，充分展示小城镇独特的生态、文化、产业特色，使得小城镇整体风貌得到明显改善，从而提升乡镇外在颜值和内在人居环境品质。

5.1　提升规划理念

5.1.1　注重整治项目整体设计

　　台州市小城镇通过整治项目的系统设计和具体实施来提升小城镇环境品质。如天台县石梁镇按照"八个一"进行建设，建设成为美丽、宜居的小城镇，成为附近乡镇的典范。包括：一个特色鲜明的镇区主入口、一个功能齐全的文化活动场所、一个内涵丰富的公园、一个管理规范的星级集贸市场、一个布局合理的生态停车场、一条风景优美的清澈溪流、一条乡土风情浓郁的休闲绿道、一个有历史记忆的街区（图5-1）。

图 5-1　天台县石梁镇

5.1.2　加强历史文化资源保护

　　小城镇的文化根脉来自历史深处，它是小城镇的基因、灵魂和特质所在。台州乡容镇貌整治中注重挖掘与保护历史文化资源，将小城镇环境综合整治与传统历史文化保护相结合（表5-1）。2017年，台州市出台《关于在小城镇环境综合整治等专项行动中加强历史文化资源保护的通知》，要求全面开展历史文化资源的普查和挖掘，努力完善保护机制。把整治行动与乡镇历史故事、非遗工艺、历史街区和历史建筑修复、传统村落保护利用等紧密结合，通过景观风貌设计，环境整治与风貌管控、整体修复同步实施，使古街、历史建筑、传统村落等得到有效保护利用，重新焕发光彩。如临海市系统整理分析300栋历史建筑，编制了《临海市历史建筑保护规划》；在普查摸底的基础上重点对62个传统村落进行研究，形成《临海传统村落调研与保护利用策略研究报告》；从小城镇环境综合整治项目库中单独梳理出72个文化遗产保护项目，投资1.13亿元作为专项内容整治。

台州各县（市、区）历史街区、历史建筑及非遗项目　　　　表 5-1

县（市、区）	历史文化街区保护（条）	历史建筑保护（处）
椒江区	4	3
黄岩区	9	24
路桥区	5	24
玉环市	12	37
温岭市	9	33
临海市	12	54
天台县	20	68
仙居县	18	120
三门县	6	20
合计	95	383

　　台州各个小城镇，经过梳理历史文化，"坚持留白留韵留脉"，对一批独具特色具有浓厚文化气息的古建筑、古街和古街区进行修复。如椒江横河陈村的绿廊明珠、古色古香的黄岩潮济老街（图5-2）、重获新生的临海乌岩头村、梦里水乡的温岭泽国老街、历史悠久的仙居埠头古镇等。这些古建筑、古街和古街区经过修复和完善，已经成为小城镇展示各自文化底蕴的重要名片。经统计，台州市共修复历史文化古街95条，修复历史建筑383处，发掘非遗项目191个。

图5-2　黄岩潮济老街

5.1.3　努力打造"一镇一品"

　　塑造一批有故事、有记忆、有温度的美丽小城镇是台州小城镇乡容镇貌整治的重要目标。在整治中，台州各个小城镇结合自身的产业特色、文化禀赋及自然禀赋，挖掘农耕文化、水运文化、海洋文化等丰富的文化内涵，展现小城镇水韵田园、海湾渔港、海防江城等底蕴与故事，同时与台州小城镇"山海水城"风貌特色相呼应。如富山乡"云端小镇"，沙埠镇"慢城沙埠"，沙埠镇"青瓷文化"，上郑、平田、茅畲的红色旅游元素以及历史人物、历史故事等，将文化因素组合创新、串珠成链，全方位凸显"五类小镇"[①]建设。

　　温岭市石塘镇充分挖掘其特有的曙光文化、海洋文化、民俗文化、石屋文化、美食文化，同时结合渔业文化、旅游特色，以"吉祥如意，和美石塘"为主题，彰显"曙光首照地、东海好望角"的独特魅力（图5-3）。同时，全镇以绿道、石屋、大奏鼓等为设计元素，彰显旅游小镇特色；创建非遗传承基地，把村民培训成演员，让非遗演出产业化，不仅扩大了知名度，还为当地村民们带来可观的收益。通过强化小城镇特色产业打造"产业兴旺、生态宜居、乡风文明、治理有效、生活富裕"的美丽城镇。

---

　　① "五类小镇"指健康小镇、畅美小镇、风情小镇、活力小镇、智慧小镇。

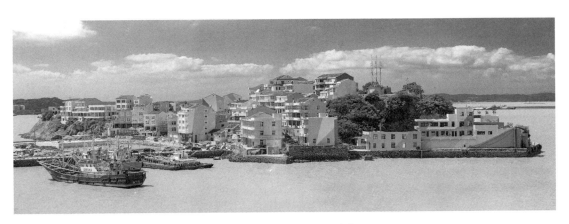

图5-3 温岭市石塘镇七彩小岛

5.2 美化建筑形象

5.2.1 沿街立面美化

街道是集镇面貌的集中展示区，是城镇生活的主要场所。在小城镇乡容镇貌整治中，台州各个小城镇结合沿路洁化、序化，重点对城镇重要街道的空调机位、店牌店招、立面材料、建筑形态等要素进行整体设计与整修，极大地提升街道空间品质，改善城镇面貌，给居民带来最直观、最美好的感受（表5-2）。

台州市各县（市、区）沿街立面整治项目分布表 表5-2

县（市、区）	沿街立面整治（m²）	沿街卷闸门及窗整治（个）	沿街空调室外机整治（个）	店招广告整治（户）
椒江区	770757.6	1002	3922	6006
黄岩区	759540	6749	5018	4397
路桥区	218684	1066	7947	5121
临海市	464080.77	5109	11696	6115
温岭市	781619.72	6232	18700	16879
玉环市	878732	3047	8096	4160
天台县	381909	2146	3214	8044
仙居县	225342	3552	4975	4418
三门县	146409	1287	2190	1934
合计	4627074.09	30190	65758	57074

1. 沿街立面整治

台州各个小城镇依据"一街一特色、一路一景致"的街道整治思路，分类开展主次街道、重点节点、旅游景区景点的立面整治，根据不同的定位和文化特征，各乡镇形成了各自的街道风格和城镇风貌特色（表5-3）。如天台县石梁镇十字天街建筑立面采用新民国风建筑风格，将西洋与古典结合、传统与现代融合，坡屋顶样式、拱券、青砖三大基本元素构成了民国建筑形态的重要特征，形成了极具中国特色和历史深度的建筑效果（图5-4）。

立面整治风格展示表　　　　　　　　　　　　　　　　　表5-3

黄岩区北洋河道两侧（浙派民居风格）	仙居县白塔镇文明街（中式建筑风格）

路桥区横街镇沿河路和新兴路（新民国建筑风格）	

图5-4　天台县石梁镇十字天街

2. 店招与空调机位整治

店招是小城镇最迷人的部分，是"烟火气"最浓的场所空间。台州各乡镇打破"统一店招"的固有模式，亮特点、亮个性、亮内涵，对店招进行个性化设计。同时，通过对空调外机采用花格箱装置，对老式破旧卷帘门统一更换或喷绘图案和安装门楣挡板，结合棚户区改造和平改坡，对有碍景观的屋顶整体式太阳能热水器和水箱等进行整体移位，对店招采用拆除违章乱设、改造风貌协调，推进可再生能源建筑一体化等办法，拆改结合，在保证立面整洁的基础上打造美丽街区。

路桥区蓬街镇多彩店招与临街业主主动对接，建立一店一档，并建立涵盖554间店面、365间店铺的"店主群"。以"蓬街风情"为思路，采用镀锌方管搭架，硅酸钙板为面层，并核定11种底色供商家选择，保障店面生动自由的个性。以中高端品质标准设计实施，使店招改新貌、换新颜，推动蓬街消费，繁荣蓬街名片（图5-5）。

图 5-5 路桥区蓬街镇特色店招图

3. 墙面彩绘

台州各小城镇在乡容镇貌整治行动中，按照"一街一品一特色"原则，深挖历史文化，突显小城镇地域特色；融合现代时尚元素，通过对道路两侧特色文化彩绘"上墙"等方式，使小城镇老旧街道"旧貌换新颜"。三门县蛇蟠乡结合海洋文化、采石文化，对渔光曲路、黄泥洞村等重要街区、重要古村沿路墙面进行3D墙绘，展现海岛风貌（图5-6）。

图 5-6 三门县蛇蟠乡"渔"文化墙绘

5.2.2　可再生能源建筑运用

　　在小城镇沿路洁化、序化行动中,台州市积极倡导各县(市、区)引入可再生能源一体化技术、生态适应性技术等技术工艺,推行绿色建筑理念,选择典型乡镇进行实践探索和推广(表5-4)。黄岩区屿头乡引入"生态适应性"新技术,在遵循原有自然环境的基础上,运用最新技术,打造无污染、适应本地自然环境的居住建筑。屿头乡最先运用于由当地粮站老房子改造而成的现代民宿中,利用天窗自然采光,保持室内明亮。采用全新Ultradur®可共挤增强材料制造的门窗型材具有降低采暖、制冷能耗,涂膜防水系统无毒、无害、无污染,使用安全,且耐高温、耐久性优异等特点。

台州小城镇环境综合整治生态创新技术典型案例

表5-4

乡镇	生态新技术	工作机制	
黄岩区上垟乡	可再生能源建筑一体化	推进可再生能源建筑一体化。开展光伏发电项目,累计安装750kW光伏组件,逐步更改有碍景观的屋顶整体式太阳能热水器装置	
黄岩区屿头乡	"生态适应性"技术	在适用技术上,依托中德乡村人居环境研究中心,运用德国巴斯夫公司最新的适用技术来改造传统民居。比如以原有的废弃粮管所为改造样本,通过以雨水收集、隔音处理、墙体加固、防潮等八大系统的改造来践行绿色理念	

注:根据相关乡镇的小城镇整治验收汇报材料整理。

5.3　优化园林绿化

　　台州小城镇园林绿化美化行动围绕美丽绿道、美丽公园、美丽河湖、美丽庭院、废弃物再利用等五个方面展开,按照"见缝插绿、路上透绿、拆违改绿、生态补绿"的要求,推进小城镇全域增绿扩绿(表5-5)。重点对小城镇入城口、中心区、社区中心、滨水区等重要节点进行美化,建设各类城镇公园,融入文化要素,通过建设绿化与公共设施、拓展文体活动空间等方式惠及镇区群众,营造"人人共享"的良好氛围。同时串珠成线,形成沿路、沿水景观绿带和绿道,串联各个景观节点和公园,建设内涵丰富、开放多元、特色鲜明的城镇公共空间体系。至2018年底,台州小城镇共打造主次入口257个、新建改建街头广场314个。

2017~2018年台州市各县(市、区)美化项目分布表　　　　　　　　　表5-5

县(市、区)	新增及改造公园绿地(m²)	新建绿道(km)
椒江区	22035.0	9.2
黄岩区	779115.0	53.3
路桥区	158325.0	34.2
玉环市	205143.0	60.5
温岭市	695871.2	104.4
临海市	149794.1	32.2
天台县	294666.3	48.6
仙居县	282833.0	72.3
三门县	81000.0	18.6
合计	2668782.6	433.3

5.3.1　美丽绿道建设

在小城镇环境综合整治中,台州各个小城镇全面推进小城镇与乡村绿道网建设和慢行系统建设,让小城镇整体面貌得到优化,让居民享受城镇慢生活。天台县平桥镇充分利用始丰溪的常水位与洪水位之间的落差区域实现见缝插绿的独特水景园林景观带,建成总长8km、面积125.8hm²的滨水型丰溪绿道。丰溪绿道内绿化设计围绕"原生态"特色,根据不同的区域和景观需求配置相应的绿植,注重植物的群体美和林冠线的节演变化,兼顾植物景观的季节变化,充分展现植物的自然美,营造多树种、多层次、多色彩的混交林,形成高低错落、开合有致、富于变化、多姿多彩的植物景观空间(图5-7)。

图5-7　天台县平桥镇始丰溪绿道

5.3.2　美丽公园建设

台州美丽公园建设依托小城镇的文化、功能、布局、环境、产业等因素进行分类建设提升，主要包括依托文化型、依托功能型、依托布局型、依托环境型、依托产业型五种类型。

1. 依托文化型

该类公园建设依托文化资源展示小城镇历史内涵和人文内涵，如红色文化、农耕文化、体育文化和名人文化等（图5-8）。

2. 依托功能型

作为小城镇居民日常休憩活动场所，公园绿地建设在此次整治中重点增加了休憩休闲、健身娱乐、儿童游乐等设施，丰富居民的日常生活（图5-9）。

图5-8　黄岩区新前街道模具历史公园

图5-9　路桥区桐屿街道体育公园

3. 依托布局型

根据小城镇特定区位，设置展示特色形象门面的公园绿地。主要是小城镇入口公园，作为其展示特色形象的门面，进行特色公园打造；还包括一些街头或者码头等口袋公园，见缝插绿，美化环境（图5-10～图5-13）。

4. 依托环境型

小城镇的不同地理特色孕育了"山海水城"，主要包括山水环境、滨水环境、海绵环境等，台州"增绿扩绿"行动结合不同的地理环境，打造特色城镇公园。

图 5-10　温岭市泽国镇新渎山公园

图 5-11　天台县平桥镇入镇口景观

图 5-12　温岭市城南镇入镇口景观

图 5-13　玉环市楚门镇入镇口景观

5. 依托产业型

该类公园主要展现小城镇自身特色产业，如黄岩区新前街道模具历史公园，其主要展示自身产业的发展历程。

5.3.3　美丽河湖建设

台州小城镇按照浙江"最美河湖"建设理念，结合水域卫生整治、滨水公园建设、沿水慢行道建设等，让更多美丽河湖流淌在"山海水城"之间。经过有效整治，一条条美丽河湖以崭新的面貌出现，成为台州市民户外休闲的好去处（图5-14～图5-17）。

玉环市清港镇以贯穿全镇东西的"母亲河"同善塘河为轴线，结合河道两岸立面改

图 5-14　路桥区横街镇河道整治

造、景观提升和水环境治理等工程，打造出共计6.8km长的河岸公园，承袭源远流长的同

善共融文化,同善塘河被评为台州首批"美丽河湖"(图5-18)。

图5-15　玉环市大麦屿街道河道整治

图5-16　温岭市新河镇河道整治

图5-17　温岭市泽国镇河道整治

图5-18　玉环市清港镇河道整治

5.3.4　美丽庭院建设

台州小城镇环境整治通过打造"美丽庭院"展现其独特的地域风情(图5-19、图5-20)。

图5-19　玉环市海山乡美丽庭院

图5-20　温岭市城南镇桂雨雅院

仙居县横溪镇推进全街道美丽庭院建设。政府通过组织广大农户开展创建"美丽庭院"定星评级活动，按照"种树栽花绿化美、庭园环境协调美、庭院清洁卫生美、摆放有序整齐美、风尚和谐人文美"的"五美庭院"要求，培树一批爱清洁、讲文明、树新风的"美丽庭院"（图5-21）。

图5-21 仙居县横溪镇美丽庭院

三门县沙柳街道曼岙村建成了一批具有当地特色的农家庭院。其重点突出乡土韵味，坚持一庭一景、一院一题、一庭院一特色，融合曼岙当地自然、人文元素和新农村规划布局，努力打造出富有乡土韵味、风格独特的"美丽庭院"（图5-22）。

图5-22 三门县沙柳街道曼岙村美丽庭院

5.3.5 废弃物再利用

在小城镇环境综合整治中，台州各级政府鼓励村民收集被废弃的物品，将这些物品清洁、处理之后再利用或分解再制成新产品进行装饰。村民利用生活、工作、生产中各种废弃产物制作成漂亮、实用、低碳的DIY手工艺品，成为体现小城镇特色形象的有效途径之一（表5-6）。

废弃物改造小品展示表　　　　　　　　　　　　　　表5-6

5.4　增强文化内涵

　　文化是小城镇的灵魂，文化需要载体，载体体现文化。提升小城镇文化内涵、展示文化底蕴、塑造地域特色风貌是台州小城镇乡容镇貌整治的重要任务。台州将整治项目建设与地域文化展示融合，在推动小城镇文化品位提升的同时，地域特色文化也得到广泛推广与发展，大幅度提升了群众文化生活的幸福指数。

5.4.1　传统文化挖掘与展示

　　台州小城镇整治将文化挖掘与保护相结合，使小城镇整治不仅停留在外在物质形象工程层面，还上升到对自身文化的深层次整理与继承上来。整治行动不仅与乡镇历史故事、非遗工艺、历史街区和历史建筑修复、传统村落保护利用等紧密结合，还注重挖掘精神文化信仰、地方文化内涵，从而实现全方位整体建构。主要表现形式有文化读本、学院书院、非遗展馆、节庆活动、工匠工坊以及传说等（表5-7）。

传统文化挖掘与表现形式　　　　　　　　　　　　　　　表 5-7

文化挖掘与表现形式	成　果
文化读本	《台州非物质文化遗产通俗读本》《台州人文研究选集》《台州古村落》《临海胜迹录》《临海市传统村落保护利用策略研究》《黄岩实践》《仙居传统村落踏访》
书院学院	临海市括苍镇白象书院、温岭市箬横镇高龙书院、温岭市泽国镇月湖书院、中国美术学院仙居乡村振兴学院、同济大学黄岩乡村振兴学院 温岭市泽国镇月湖书院　　　　　中国美术学院仙居乡村振兴学院
文化展馆	临海市杜桥镇灰雕技艺展示、临海市汇溪镇古建博物馆、仙居县白塔镇石雕技艺展示、天台县和合小镇非遗文化展示、天台县南屏乡"四知堂"廉政文化展馆、路桥区新桥镇耕读文化展馆 天台县南屏乡"四知堂"廉政文化展馆　　路桥区新桥镇耕读文化展馆
传说	椒江区三甲街道"一庙一故事" 三甲街道公园　　　　　　　　三甲文化长廊

续表

文化挖掘与表现形式	成　果
节庆活动	仙居县上张乡年货节  上张乡文化广场舞龙表演　　　　　　上张乡农贸市场
族谱修编	新桥镇修编宗谱 天台县家谱修编　　　　　　台州公众史学研究中心

注：根据相关乡镇的小城镇整治验收汇报材料、调研整理。

5.4.2　文化元素植入

在台州小城镇环境整治中，各个小城镇在入镇口、街角、公园、街道等植入文化元素，植入方式包括整治建筑立面、建设景观小品以及主题雕塑。这些做法不仅使小城镇形成一道道风景线，丰富了城镇的面貌，同时使城镇的文化故事得到传达，提升了城镇的文化韵味。如临海市括苍镇打造以"剪纸+商贸"为主题的长安路、以"文化+历史"为主题的老街区、以"党建+生态"为主题的防洪坝（表5-8）。

临海市括苍镇文化元素的展现　　　　　　　　表 5-8

剪纸 + 商贸

续表

文化 + 历史		
	整治前	整治后
铁艺展览馆		
白象书院		
党建 + 生态		

温岭市石桥头镇深入挖掘文化内涵，力求文化元素入街入景，彰显小镇风貌。以林石线为“横轴”，以车路横河为“纵轴”，在两轴两侧绘制八幅反映民俗风情和城镇特色的墙绘；精心设计修建黄壶舟公园、凉篷公园等4座文化公园；对建成区内5座百年以上的老宅进行修缮编号挂牌；开展古街改造、古栈道、古戏台修建，修旧如故；把非遗文化元素“王氏大花灯”“杨家凉篷”有机融入路灯、空调机罩等街景设计，这些随处可见的文化元素无不展示着石桥头镇生生不息的文化魅力（表5–9）。

5.4.3 分类打造文化小镇

1. 和合小镇

台州和合文化源远流长，已经开枝蔓叶影响到美日韩各国，是公认的美国嬉皮士文化源头、日韩佛教天台宗源头。和合文化本质是多元文化求同存异，和而不同，体现山海水不同文化水乳交融的文化景象，是台州精神的主要组成部分。

温岭市石桥头镇文化元素的展现　　　　　　　　　　　　　　　　　　　　　表 5-9

文化 + 生态		
	整治前	整治后
壶舟文化		
民俗 + 生态		
凉篷公园		

天台是台州和合文化的源泉，既有和合文化的发祥地街头镇，也有具有"和合小镇""养心天堂""养生福地"之美誉的赤城街道和龙溪乡（表5-10）。

台州"和合小镇"文化建设典型案例　　　　　　　　　　　　　　　　　　　　表 5-10

乡　镇	文化主题	主要内容
玉环市龙溪乡	"隐逸小镇，养生福地"	开展和合文化进村居活动
天台县街头镇	"故寻千年街头，村隐和合寒山"	打造整洁、有序、宜人的山水旅游城镇
天台县和合小镇	"和合文化"	非遗文化展馆
天台县赤城街道	"和合圣地，养心天堂"	开展"乡村振兴、和合赤城"文化惠民进礼堂系列活动

注：根据相关乡镇的小城镇整治验收汇报材料整理。

街头镇作为和合文化的发祥地，专门请浙江省著名设计机构编制规划方案和深化设计，引入驻镇规划师，将街头镇千年古镇的韵味与现代城镇的气息有机结合，充分融入和合文化元素，凸显"和合圣地"这一地域品牌。

和合小镇是一座以佛宗道源、山水神秀著称的国家生态镇。和合小镇是以"和合文化"为核心，融合佛学、道济、和合、霞客、茶、寒山等多种文化，集文化、旅游、养生等功能于一体的5A精品旅游小镇。和合文化园拥有三大板块：一是展示游览区，包含集展览、教育、游览为一体的"和合人间博物馆""廻澜美术馆""天台县非遗中心""茶之路体验馆""满堂红民俗馆"；二是传统婚礼体验区；三是配套功能区，如"名家工作室"和"和合人间主题酒店"。三大板块充分挖掘、保护、传承、弘扬天台山和合文化。这种文化主题的提出与建构，既有利于提升小城镇的文化品位，又有利于继承和发扬传统文化（图5-23、图5-24）。

图 5-23 天台县街头镇和合文化文艺活动

图 5-24 天台县街头镇和合堂

2. 传统小镇

在台州小城镇整治中，非常重视传统文化挖掘。无论是规划方案，还是建成环境设计，都注重充分挖掘历史文脉，注重与乡镇历史故事、非遗工艺、历史街区和历史建筑修复、传统村落保护利用等紧密结合,通过同步实施景观风貌设计、环境整治、风貌管控与整体修复,使得古街、历史建筑、传统村落等得到有效的保护利用。

临海市对全市传统村落进行了全面普查,对每个村落自然地理、历史沿革、空间布局、建筑遗存、民俗文化、人文积淀等全面梳理,完成了《临海市传统村落调研与保护利用策略研究》报告,建立了完整的传统村落档案[1]。其他县(市、区)小城镇通过深入挖掘传统历史文化资源,带动当地旅游产业发展,创造经济价值。如温岭市箬横镇、温峤镇、天台县街头镇、仙居县埠头镇等,小城镇整治和古街、历史建筑修复已基本完成,效果显著(表5-11)。

传统小镇文化主题定位及内容 表 5-11

乡　镇	文化主题	主要内容
临海市桃渚镇	"山海宜居地,风华古卫城,休闲商贸镇"	立面改造融入桃渚戚继光抗倭历史文化,增加名人雕塑
温岭市箬横镇	"田园古镇、现代新城——水乡箬横"	修缮传统建筑,展示传统文化,引进文创产业
温岭市温峤镇	"千年古镇,美丽温峤"	古街修复
仙居县埠头镇	"水韵埠头"	建设水韵记忆广场
仙居县田市镇	"书画田市,文创小镇"	打造云田古街
仙居县皤滩乡	"文化修养小镇"	打造传统古镇
仙居县溪港乡	"非遗主题特色小镇"	建设非遗小镇
仙居县淡竹乡	"尚居·仁里文化小镇"	火着基遗迹公园

3. 红色小镇

"红色文化"内涵丰富,蕴含了中国共产党艰苦卓绝、不畏艰险、不怕牺牲的革命精神。台州小城镇整治注重挖掘红色基因,坚持把红色革命历史与特色民俗文化相结合。如"蓝天绿岛、枕海人家"的椒江区大陈镇,"山坞花香日落迟"的温岭市坞根镇,"浙江红旗第一飘"的三门县亭旁镇。这些小镇的红色历史记忆不可磨灭,在小城镇整治下熠熠生辉(表5-12)。

台州"红色小镇"文化建设典型案例 表 5-12

乡　镇	红色主题	主要内容
椒江区大陈镇	"垦荒精神"	"蓝天绿岛、枕海人家"
温岭市坞根镇	"红色故里,栖居小镇——醉美坞根"	"山坞花香日落迟"
三门县亭旁镇	"浙江红旗第一飘"	"红色元素,革命亭旁"

注:根据相关乡镇的小城镇整治验收汇报材料整理。

---

[1] 台州市小城镇环境综合整治行动领导小组办公室.台州市小城镇环境综合整治总结报告.2019-1.

5.5 完善配套设施

小城镇配套设施的完善,对乡容镇貌的美化具有重要作用。新的相关设施配备后,民众的行为习惯便会被潜移默化地提升改善,从而提升城镇面貌。

5.5.1 道路改造

台州各个小城镇依据规划,采取打通断头路、拓宽瓶颈路、路面白改黑、增加道路渠化岛、完善人行道等措施,改善优化道路交通环境。

临海市桃渚镇编制《桃渚镇交通组织专项设计》,累计投入2350多万元用于道路建设,初步建成以东洋大道、湖岸路、东亚路、桃渚北路为主干的交通环线,打造以宝镇路为中心的"田"字形美丽示范街区。

仙居县下各镇集镇路网框架基本构成,改造穿镇路、镇西路、西垟街、环湖路等道路,地埋污水管网、电线管道等设施,白改黑路面4.7km,建设路灯、交通标识系统,车辆来往畅通有序。

5.5.2 生态停车场建设

随着社会发展,许多小城镇公共停车场不足的问题日益凸显。小城镇结合"三改一拆"工作,将拆出的土地建设大量公共社会停车场,以解决停车难的问题,改善交通环境(图5-25~图5-31)。

图5-25 仙居县下各镇"白改黑"

图 5-26　温岭市坞根镇停车场

图 5-27　温岭市箬横镇停车场

图 5-28　玉环市龙溪镇停车场

图 5-29　天台县下科山村停车场

图 5-30　仙居县上张乡生态停车场

图 5-31　三门县蛇蟠乡生态停车场

　　路桥区桐屿街道拆除整治区内8个村集体的大批违章建筑，在拆后土地上先后新建桐新停车场、立新停车场、桐杨停车场、文化路停车场4处大型停车场，新增公共停车位1700个，总面积5万余平方米，基本解决了主商业区停车难问题。其中，桐新停车场原为桐杨居等四村共建的违章建筑，占地面积6000余平方米，政府将违章建筑拆除后，将其打造成一个集机动车停车场、非机动车停车场和小型休闲广场、小型绿化公园于一体的多功能广场，得到周边群众的广泛好评（图5-32）。

图5-32 路桥区桐屿街道停车场

5.5.3 文化设施完善

1.公共文化设施建设

公共文化设施不仅是增强居民归属感和获得感的惠民工程,更是提升小城镇核心竞争力的有效载体。台州各个小城镇在环境综合整治中,加大小城镇文化惠民工程、公共文化社会化,建设了一批公共文化中心与文化礼堂,如台州因地制宜打造农村文化礼堂,成为展现乡村文化的新地标。至2018年底,台州各县(市、区)礼堂总部全部建成,98.4%的乡镇已建成文化礼堂分部,累计建成农村礼堂1495家,文化礼堂理事会实现全覆盖(表5-13)。

台州各县(市、区)文化场馆及非遗项目   表5-13

县(市、区)	新增文化场馆	非遗项目发掘
椒江区	10	4
黄岩区	37	10
路桥区	5	7
临海市	14	32
温岭市	40	30
玉环市	15	4
天台县	54	61
仙居县	34	34
三门县	5	9
合计	214	191

台州各个小城镇还结合非遗文化传承，建设文化展示、体验、教育与培训等功能于一体的文化艺术中心。同时，结合台州制造向智造转型，一批文创中心、创意中心也在小城镇建设中逐步涌现出来，这些公共文化设施的建设，对于丰富城镇文化内涵，提升城镇文化品位具有极大的推动作用。

自古以来，黄岩区富山乡半山村半岭堂的村民们以造纸做千张为主业，其古法造纸技艺从360年前传承到现在，至今保存完整。半岭堂是台州市唯一保留着的"活着"的古法造纸遗址，可以说是古法造纸的"活化石"。

为了彰显独特的地方文化魅力，半山村半岭堂与浙江工业大学小城镇协同创新中心开展校地合作，建设了黄岩西部首家以古法造纸技艺为特色的人文展馆。通过实物、图片和传统造纸工房实景展示等形式，介绍中国造纸文化历史，展示这片土地上的人们世世代代传承的非物质文化遗产——"古法造纸技艺"。展馆由废弃的半岭堂小学旧址改建而成，集古法造纸技艺展示、乡村游客中心、乡村讲堂、乡村客厅、文化礼堂等多种功能于一体。展馆旁边还设立了原汁原味的造纸工艺体验区，通过实际操作，亲身体会造纸文化的魅力（图5-33）。

图5-33　半岭堂古法造纸博物馆

2. 新型文化产品供给

相对于城市而言，小城镇新型文化产品供给尤为重要，但实际供给相对较少。这些新型文化产品侧重于公共文化产品，具有很强的公共性与公益性[①]。台州文化产品供给主要表现为：一是在建设公共文化设施上，形成以政府主导、其他社会主体参与、多元配合的有效供给体系；二是在文化产品内容上，主要以地域性、民间性、通俗性、草根性等人们喜

---

①　陈敬贵、曾兴. 文化经济学 [M]. 成都：四川大学出版社，2014.

闻乐见的文化产品为主；三是在文化供给方式上，主要以展示、参与互动为主。小城镇整治过程中，台州涌现了众多新型公共文化产品供给模式。其中，较有创造性的是临海市的"市区+乡镇"共享图书馆模式、玉环市沙门镇的"1+X"文化阵地矩阵模式、玉环市楚门镇的"政府采购、社会运行"模式等（表5-14）。

新型公共文化产品供给典型案例　　　　　　　　　　　　　　　表5-14

新型公共文化产品类型	各乡镇文化产品成果/成效
图书馆	临海市"市区+乡镇"共建共享图书馆，现已覆盖河头镇、括苍镇等九个乡镇
文化阵地矩阵	玉环市沙门镇"1+X"文化阵地矩阵
工匠工坊传承基地	仙居县南峰街道"仙居传统工匠工坊"
文化产业园	椒江区老粮坊文化创意产业园、玉环市楚门镇文化创意中心

注：根据相关资料整理。

临海市推出"市区+乡镇"共建共享图书馆文化体系，现已覆盖河头镇、括苍镇等九个乡镇。河头镇、括苍镇将老房改造为公共图书馆，纳入临海市图书馆管理体系中。此外，临海市括苍县借助小城镇整治之机，完善学校建设，注重知识注入，推动小城镇教育发展。

玉环市沙门镇创新出"1+X"共建共享文化阵地矩阵模式，即以"1+X"的模式推动文化休闲阵地共建共享："1"即核心阵地，包含图书馆、文化站、健身中心等在内的文体大楼；"X"即由党群中心、融创园、文化礼堂、企业活动阵地群构成的分站矩阵，阵地对全体市民免费开放，解决了居民"活动无场所、服务无平台、休闲无去处"的现实问题（图5-34）。通过一系列措施，补足了城镇功能配套，满足了人民群众对美好生活的向往，打造"城镇精品生活圈"，切实提升沙门小城镇内涵品质。

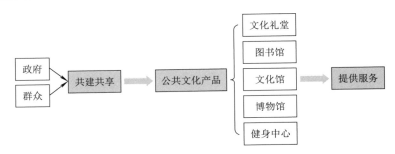

图5-34　玉环市"1+X"共建共享模式

玉环市楚门镇则创新出"政府采购、社会运行"模式[①]。楚门镇政府通过"政府采购"形式投资3000多万元建设楚洲文化城、文玲书院等重要文化基础设施，每年安排150万

---

①　台州公共文化网.楚门镇文化站社会化运营案例[EB/OL]. https://www.sohu.com/a/243481697_100188378.

~200万元左右的专项资金,向社会组织购买公共文化产品和服务,其中50%~60%的经费用于开展公共文化活动,培育基层文化团队等。运营以来,仅楚洲文化城就开展大型文化活动28次,举办培训、展览等50多期(次),提供服务13万余人次,培育文艺团队26支,发展文化志愿者780余人(图5-35)。

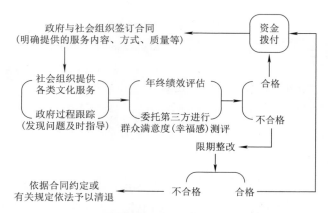

图5-35　玉环市楚门镇"政府购买、社会运营"模式

3. 非物质文化产品供给

台州有着丰富的非物质文化遗产。各小城镇整治中都予以充分挖掘,为老百姓提供丰富的非物质文化产品,满足人们的精神文化需求。这些非物质文化产品可以分为以下几类:节日类、饮食类、表演游艺类、传说故事以及非遗展示(表5-15)。各地结合地方文化举办主题文化节,展示地方民俗文化,部分非物质文化遗产已被列入世界级和国家级保护名单(表5-16)。

非物质文化产品供给的典型案例　　　　　　　　　　　　　　表5-15

非物质文化产品	各乡镇非物质文化产品	
节庆活动	黄岩区宁溪镇"二月二"灯会	临海汇溪镇第三届农民艺术节
	三门县亭旁镇祭冬	天台县三州乡"亲青小笋芽快乐沙思坑"
	温岭市城南镇非遗伴手礼——乡愁四韵·糕点	仙居县上张乡年货节
表演游艺	临海市白水洋镇黄沙狮子	仙居县朱溪镇腿弹虾灯
	天台县白鹤镇皇都南拳	临海市汇溪镇抬阁
	温岭市石塘镇中秋晚会	玉环市楚门滚马
演义传说	天台县白鹤镇"刘阮遇仙"	温岭市箬横镇"妈祖救人"故事
	黄岩区头陀镇"五兄弟侠肝义胆护平安"	天台县龙溪乡"河胤腾龙"传说
手工艺品	临海市小芝镇小芝鼓亭	仙居县皤滩乡无骨花灯
	临海市汇溪镇水磨体验	仙居县朱溪镇草鞋技术
	椒江区三甲街道"蛋雕"	仙居县上张乡手工艺品

注:根据相关乡镇的小城镇整治验收汇报材料整理。

台州市非遗项目名单　　　　　　　　　　　　　　　表 5-16

级别	项目名称	项目类别	所属地区
世界级	三门祭冬	民俗	三门县
国家级	台州乱弹	传统戏剧	台州市
	竹刻（黄岩翻簧竹雕）	传统美术	黄岩区
	黄沙狮子	传统舞蹈	临海市
	临海词调	曲艺	临海市
	大奏鼓	传统舞蹈	温岭市
	济公传说	民间文学	天台县
	天台山"干漆夹苎"技艺	传统技艺	天台县
	仙居花灯	传统美术	仙居县
	采石镶嵌	传统美术	仙居县
	线狮（九狮图）	传统体育	仙居县

　　黄岩区宁溪镇的"二月二"灯会是宁溪镇政府通过挖掘山水资源和千年古镇文化,加强传统村落保护,传承非遗"二月二"灯会,探索"工业+非遗"模式,将宁溪省级非遗"二月二"灯会与灯产业相结合,打造灯彩小镇,发展宁溪灯光"夜游",重现"中国节日灯之乡"风采的活动(图5-36)。

图 5-36　宁溪"二月二"灯会

　　温岭城南镇非遗伴手礼"乡愁四韵·糕点"是将传统的玉味和糕点制作技艺与现代的食品包装相结合的文化产品,被列入温岭市第七批非物质文化遗产代表性名录,并在2018年10月举办的市文博会上首次亮相,受到了市民和客商的青睐。

　　天台县三州乡"亲青小笋芽快乐沙思坑"是将原生态的竹乡风情与柔力球、扇子舞、跆拳道等山区百姓倾情奉献的文艺表演相结合,让人们体验掏笋、剥笋、炒笋等趣味横生的民俗,品尝特色盐烤笋、红烧笋、凉拌鲜笋、雪菜笋丝等鲜美笋宴。

　　2016年11月30日,包括三门祭冬等在内的"二十四节气"被列入联合国教科文组织人类非物质文化遗产代表作名录。

第6章

环境综合整治的工作机制和要素保障

6.1　组织制度

6.2　工作机制

6.3　要素保障

第6章 环境综合整治的工作机制和要素保障

自2016年浙江省全面开展小城镇环境综合整治行动以来,台州市结合本地小城镇发展实际,以及新时代"山海水城、和合圣地、制造之都"发展目标,积极探索创新,形成了"三位一体"工作机制,即紧紧围绕小城镇环境综合整治这一主体,从组织制度、运行机制、要素保障三方面进行创新实践(图6-1),有序、高效地推进小城镇环境综合整治。

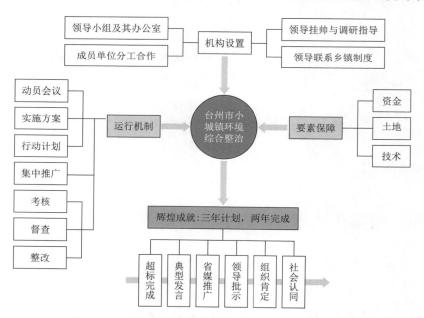

图6-1 台州市小城镇环境综合整治"三位一体"工作机制示意

6.1 组织制度

小城镇环境综合整治是一项全面的社会实践,既需要政府多部门联动,也需要社会积极参与。根据浙江省小城镇环境综合整治要求,台州市在整治行动伊始,便及时设置专门的整治机构,抽调政府职能部门为成员单位,并明确其相应职能。此外,台州市还建立了主要领导调研制度和联系乡镇制度。

6.1.1 "双组长制"

根据浙江省小城镇环境综合整治行动的统一部署，省级层面成立了"浙江省城乡环境整治工作领导小组小城镇环境综合整治办公室"，统一领导全省各地级市小城镇整治行动，并要求各地级市相应设置整治办，对标领导各县（市、区）小城镇整治行动。台州市按照上级要求，迅速展开行动，于2016年10月9日，由台州市委市政府联合发文成立"小城镇环境综合整治行动领导小组"[①]，由市委副书记任组长，市政府副市长任副组长。领导小组的组成部门有市宣传部、建设局、财政局、农办、发改委等。领导小组下设"台州市小城镇环境综合整治行动领导小组办公室"，办公室驻地设在当时的市建设局，建设局局长兼任办公室主任，副局长任常务副主任。

2017年9月，台州市小城镇环境综合整治行动领导小组办公室进一步提升规格，市委市政府再次联合发文，建立"双组长制"，即由市委书记和市长同时担任组长，市委副书记任常务副组长，副市长任副组长。同时，调整领导小组成员单位的部门构成，各成员单位领导兼任整治办副主任。

6.1.2 "实体化运作"

台州市小城镇环境综合整治行动领导小组和台州市小城镇环境综合整治行动领导小组办公室实行集中办公、实体化运作的组织形式。根据整治任务，整治办下设8个工作组，分别为综合组、督导组、规划设计引领组、"道乱占"治理组、卫生乡镇创建组、"车乱开"治理组、"线乱拉"治理组、"低散乱"块状行业治理组，各组之间有明确的职能分工（表6-1）。

台州市小城镇环境综合整治行动领导小组办公室职能分组情况　　　　表6-1

机 构	职 责
办公室	执行领导小组决策部署，承担日常工作； 负责组织、计划、指导、协调、实施、宣传、学习、检查和考核工作； 负责制定和完善相关政策、监督检查、考核验收等具体办法，并组织实施； 负责有关数据的调查、统计、分析工作，并做好相关台账； 研究并提出有关政策意见、工作建议

---

① 中共台州市委办公室，台州市人民政府办公室.关于建立台州市小城镇环境综合整治行动领导小组的通知（市委办通知〔2016〕374号）.2016-10-9.

续表

	机　构	职　责
分组	综合组	负责领导小组办公室日常工作，统筹协调各组开展工作； 负责研究起草重要政策、文件、领导讲话和综合性材料； 负责领导小组办公室信息报送和档案管理工作； 负责宣传发动，媒体报道，表扬先进，曝光落后等工作； 负责编办信息专报
	督导组	负责组织开展督查、考核工作，及时统计分析各地进展情况，定期通报排名
	规划设计引领组	负责研究制定规划设计引领专项行动的实施计划，并具体组织实施； 及时开展技术指导、学习交流、教育培训等活动，加强对《小城镇环境综合整治规划》编制的技术支撑和服务
	卫生乡镇创建组	负责研究制定卫生乡镇创建专项行动的实施计划，并具体组织实施； 加强环境卫生整治监督指导
	"道乱占"治理组	负责研究制定治理"道乱占"专项行动的实施计划，并具体组织实施
	"车乱开"治理组	负责研究制定治理"车乱开"专项行动的实施计划，并具体组织实施
	"线乱拉"治理组	负责研究制定治理"空中蜘蛛网"专项行动的实施计划，并具体组织实施
	"低散乱"块状行业治理组	负责研究制定治理"低散乱"块状行业专项行动的实施计划，并具体组织实施

6.1.3　职能划分

　　小城镇整治是一项由政府驱动的系统工程，涉及经济、社会、环境、空间等多方面，如果单靠某一职能部门，其协调和实施能力有限，因此，需要多部门联动。台州市小城镇环境综合整治行动领导小组及其办公室的成员单位共计29个部门，基本覆盖了政府所有职能部门，尤其是建设局、土管局、发改委、公安局、财政局、通信部门等重要职能部门的参与，确保了小城镇整治工作的有效开展。

　　围绕小城镇整治所需要的各项要素，如资金、土地等相关政策，各成员单位有明确的分工和责任（表6-2）。

台州市整治办成员单位职责分工情况 表6-2

单位名称	职　责
市建设局 （规划局）	承担领导小组办公室的机构组建和日常工作； 牵头组织实施全市小城镇环境综合整治行动，会同成员单位做好政策制定、计划安排、要素保障、督查指导、考核验收、交流学习、教育培训等实施工作； 负责组织和指导各地编制小城镇环境综合整治专项规划； 牵头组织实施规划设计引领专项行动，牵头指导各地抓好小城镇环境综合整治行动中"加强地面保洁""治理房乱建""加强沿街立面整治""推进可再生能源建筑一体化""完善配套设施""提升园林绿化""提高管理水平"等具体任务； 负责抓好小城镇的历史文化街区、历史建筑和传统村落保护工作； 负责研究提出深入推进小城镇环境综合整治行动的相关政策意见或具体工作举措

续表

单位名称	职　责
市委宣传部 （文明办）	指导各地加强小城镇环境综合整治行动的精神文明建设； 参与指导各地抓好小城镇环境综合整治行动中"争创卫生乡镇""治理车乱开"等具体任务落实
市农办	指导美丽乡村建设和农村生活垃圾处理、生活污水治理等工作； 指导"加强整治规划编制质量管控""加强地面保洁""保持水体清洁""争创卫生乡镇""完善配套设施"等具体任务落实
市发改委	指导相关项目立项审批工作； 参与指导"推进可再生能源建筑一体化""治理低散乱块状行业"等具体任务落实
市经信委	指导各地深入实施"低散乱"块状行业整治提升"十百千万"计划； 指导工业小微企业园和标准厂房的规范管理； 牵头组织实施"低散乱"块状行业治理专项行动
市教育局	指导各地开展以交通安全为主题的宣传教育活动； 参与指导各地抓好小城镇环境综合整治行动中"治理车乱开"等具体任务
市公安局	指导、监督各地做好维护小城镇道路交通安全、交通秩序工作，加强道路交通违法行为查处； 牵头组织实施"治理车乱开"专项行动； 参与指导各地抓好小城镇环境综合整治行动中"规划编制""治理道乱占、车乱停、摊乱摆""加强沿街立面整治""治理低散乱块状行业""完善配套设施"等具体任务
市民政局	及时统计、更新和反馈全市建制镇、乡（集镇）和独立于城区的街道名单和数量
市财政局	负责小城镇环境综合整治行动，市财政支持政策的制定和落实； 完善投入机制，引导社会资金投入整治行动； 加强对资金使用的指导、监督和管理，及时开展绩效评价，提高资金使用效益； 引导相关资金整合，形成政策合力
市国土资源局	负责制定和落实加强小城镇环境综合整治行动用地保障的政策措施；指导各地加强小城镇环境综合整治规划与相关土地利用规划的有机衔接，力争"两规合一"； 指导各地积极开展农村土地综合整治，盘活存量建设用地，保障小城镇环境综合整治建设必需的用地指标； 参与指导各地抓好小城镇环境综合整治行动中"规划编制""治理房乱建"等具体任务
市环保局	指导各地抓好小城镇环境综合整治行动中涉及的环境保护工作，指导各地深入推进"五水共治"工作； 参与指导各地抓好小城镇环境综合整治行动中"加强地面保洁""保持水体清洁""争创卫生乡镇""治理低散乱块状行业"等具体任务
市交通运输局	指导各地开展小城镇道路路域环境综合治理，完善交通设施，规范交通秩序，改善交通功能； 参与指导各地抓好小城镇环境综合整治行动中"治理道乱占、车乱停、摊乱摆""治理车乱开""完善配套设施""提高管理水平"等具体任务
市水利局	指导各地深入推进"防洪水""保供水"工作，加强小城镇防汛防台、防洪排涝等水利设施建设，开展河湖库塘清淤疏浚； 牵头组织实施"保持水体清洁"专项行动；参与指导各地抓好小城镇环境综合整治行动中"加强整治规划编制质量管控"等具体任务
市农业局	指导各地深入开展"打造整洁田园、建设美丽农业"行动，加快改善小城镇周边区域田园面貌
市林业局	加强对各地开展小城镇植树增绿的技术指导； 加强对古树名木等森林景观资源保护管理的业务指导； 参与指导各地抓好小城镇环境综合整治行动中"加强整治规划编制质量管控""提升园林绿化"等具体任务

单位名称	职　责
市文广新局	指导各地抓好小城镇环境综合整治行动中的地方文化挖掘和保护，加强非物质文化遗产保护和传承； 配合推进小城镇历史街区、历史建筑和传统村落保护工作； 牵头协调市通信发展办公室、电业、电信、移动、联通、台州军分区等部门抓好"治理线乱拉"专项行动； 参与指导各地抓好小城镇环境综合整治行动中"加强整治规划编制质量管控"等具体任务
市卫生计生委	指导各地开展国家级、省级和市级卫生乡镇创建工作； 指导各地加强病媒生物防治，加强小城镇生活饮用水卫生监测； 牵头组织实施"争创卫生乡镇"专项行动； 参与指导各地抓好小城镇环境综合整治行动中"加强地面保洁""提高管理水平"等具体任务
市行政执法局	指导各地加强城镇市容秩序管理，提高管理水平； 牵头组织实施"治理道乱占、车乱停、摊乱摆"专项行动； 参与指导各地抓好小城镇环境综合整治行动中"治理房乱建""加强沿街立面整治""争创卫生乡镇"等具体任务
市旅游局	指导各地做好小城镇环境综合整治行动中涉及的旅游资源开发利用和保护工作，监督检查旅游市场秩序和服务质量； 参与指导各地抓好小城镇环境综合整治行动中"加强整治规划编制质量管控"等具体任务
市场监管局	指导各地抓好乡镇农贸市场提升改造工作； 参与指导各地抓好小城镇环境综合整治行动中"争创卫生乡镇""治理低散乱块状行业"等具体任务
市体育局	指导各地小城镇环境综合整治行动中的体育健身设施建设； 指导并开展面向小城镇居民的群众性体育活动
中国人民银行台州市中心支行	研究制订和落实支持小城镇环境综合整治行动的金融政策，引导金融机构创新金融产品，优化信贷服务
市通信发展办公室	协调电业、电信、移动、联通、台州军分区等部门抓好"治理线乱拉"专项行动
台州电业局	整顿规范小城镇电力管线架设，建立适应小城镇环境综合整治要求的供电设施建设和管理机制； 配合有关部门抓好"治理线乱拉"专项行动
中国电信台州分公司、中国移动台州分公司、中国联通台州分公司、中国铁塔台州分公司、台州军分区	整顿规范小城镇各类通信管线架设，建立适应小城镇环境综合整治要求的通信设施建设和管理机制；配合有关部门抓好"治理线乱拉"专项行动； 各成员单位要按照各自职责分工，在领导小组办公室的统一协调下，认真抓好小城镇环境综合整治行动各项任务落实，密切联系沟通，强化部门合力，确保工作实效

6.1.4　机构设置

作为小城镇整治行动的直接管理机构，台州市所辖的各县（市、区）也专门设置了相应机构，其中多数县（市、区）设置整治办，路桥区和温岭市结合五水共治、三改一拆等相关工作设置了环境综合整治工作委员会（简称"环综委"），这有着形式与职能的双重创新（表6-3）。

台州市各个县（市、区）下设小城镇环境综合整治机构情况　表6-3

县（市、区）	整治机构
椒江区	椒江区小城镇环境综合整治行动领导小组办公室
黄岩区	黄岩区城乡环境综合整治行动领导小组办公室
路桥区	路桥区环境综合整治工作委员会
临海市	临海市小城镇环境综合整治行动领导小组办公室
温岭市	温岭市环境综合整治工作委员会
玉环市	玉环市小城镇环境综合整治行动领导小组办公室
天台县	天台县小城镇环境综合整治行动领导小组办公室
仙居县	仙居县小城镇环境综合整治行动领导小组办公室
三门县	三门县环境综合整治工作委员会

2016年12月12日，温岭市在全省率先成立环综委，整合行政资源和工作力量，通过统一标准统筹推进小城镇环境综合整治、三改一拆、五水共治、多城同创、交通治堵等专项工作。环综委现有人员82人，辖5个业务办和4个综合科室，其中，分管小城镇环境综合整治的领导班子1名，工作人员8名。全委上下同心，联合推进小城镇环境综合整治涉及的违建拆除、水质提升、交通组织、乱象整治等工作。

随后，路桥区环综委成立，环综委将小城镇整治与前几年持续贯彻的五水共治、三改一拆、多城同创等工作整合起来。环综委下设三科六办，分别为：综合科、宣传科、督查与执法维稳科；五水共治办、三改一拆办、多城同创办、城乡环境整治办（小城镇环境整治办）、交通治堵办、六美三化办。

整合后不仅提升了行政工作效率，同时节省了人力物力。如督查、宣传这几块工作，原先各办都有自己的机构人员，通过整合，一人可同时负责多个方向。通过资源调配、优化组合减少人员，同时也方便了基层各机构与市级职能部门实现"无缝对接"。

6.1.5　"领导调研"

台州市建立起"领导调研"制度，这意味着省、市领导直接走进小城镇基层，直面问题，为小城镇环境综合整治的推进进行全局把控与及时调整。"领导调研"制度有两个方面的重要意义：一方面，省、市领导走进小城镇整治现场，直面重点难点问题，以领导威望和统筹力进行有效解决；另一方面，省、市领导发现小城镇整治亮点创新之处后能够予以肯定与推广，激发乡镇政府的积极性与能动性（表6-4、表6-5）。

省级领导调研情况　　　　　　　　　　　　　　　　　表 6-4

2018 年 7 月 24 日，省委书记车俊考察临海市非遗文化保护与传承工作

2017 年 3 月 17 日，时任省委副书记袁家军在天台县石梁镇调研

2017 年 10 月 19 日，时任副省长熊建平在台州调研

2018 年 3 月 13 日，副省长陈伟俊在路桥区横街镇调研

2017 年 5 月 3 日，省建设厅厅长项永丹在玉环市楚门镇调研

2018 年 11 月 13 日，省建设厅副厅长、省整治办常务副主任张奕在椒江区下陈街道调研

市级领导调研情况　　　　　　　　　　　　　　　　　表 6-5

2017 年 8 月 28 日，时任台州市委书记王昌荣赴温岭市调研

2017 年 12 月 6 日，台州市委副书记、政法委书记吴海平在螺洋街道调研

续表

| 2017 年 11 月 17 日，台州市人大常委会主任元茂荣在黄岩区宁溪镇调研 | 2018 年 8 月 7 日，台州市政协主席陈伟义督查玉环市清港镇小城镇整治工作 | 2017 年 3 月 16 日，台州市小城镇整治办主任王加潮带队调研小城镇整治工作 |

2017年8月，时任台州市委书记王昌荣在温岭调研时指出："乡镇因地制宜，创新思路，积极变废为宝，能绿则绿，能农则农，使农村更加整洁清爽，全域打造大景区。"

2017年12月6日，台州市委副书记、政法委书记吴海平率相关部门负责人调研路桥区小城镇环境综合整治工作，并分别听取横街镇、螺洋街道对小城镇环境综合整治工作开展情况的汇报工作。

6.1.6 "联系乡镇"

为及时、有效解决小城镇环境综合整治中面临的各种实际问题，台州市于2017年11月建立"市领导联系乡镇制度"①。市领导通过与乡镇（街道）所在县（市、区）党委和政府沟通联系，为乡镇解决整治过程中遇到的困难问题，并及时指导、督促、协调乡镇（街道）工作中存在的重点问题。

市领导"联系乡镇"制度于2018年得到进一步深化，在推进《台州市小城镇环境综合整治大调研大帮扶活动实施方案》过程中，演化为"双联系"制度②。一是各市级样板镇继续由市整治办领导按县（市、区）分片对口联系指导，各专项组负责具体业务指导，由县级党委或政府主要领导作为对口联系人。二是各有关成员单位和各县（市、区），建立健全领导蹲点帮扶机制、专家对口指导机制、定期组织协调机制，突出问题导向，加强统筹保障，强化联系协调，密切参与和有效指导各市级样板的整治规划编制、项目设计把关、专项行动攻坚、重点项目实施、长效机制建设、监督检查考核等各方面，确保将市级样板

---

　　① 中共台州市委办公室，台州市人民政府办公室．关于建立小城镇环境综合整治行动市领导联系乡镇（街道）制度的通知（[2017]351 号）．2017-11-17.

　　② 台州市小城镇环境综合整治行动领导小组办公室．台州市小城镇环境综合整治大调研大帮扶活动实施方案（台城镇领办 [2018]10 号）．2018-3-20.

镇打造成为全市小城镇环境综合整治行动的标杆。

6.2　工作机制

为确保全面实现小城镇物质空间更新和功能复兴,台州需要从市级层面设计出一套有效的运行机制予以支撑。这一机制包括组织动员、任务分解、实施方案和行动计划制定、宣传推广、现场推进以及督导考核等环节。

6.2.1　组织动员

小城镇整治是由浙江省政府层面推行的全局性战略行动,其实施主体是广大乡镇政府。由于台州小城镇面广量大、差异明显,众多乡镇政府对于小城镇整治行动理解不一,因而需要从市级层面进行组织动员,以便统一认识小城镇整治行动的重大意义。为此,台州市委市政府在小城镇整治的不同阶段开展不同会议,包括动员大会、电视会议、现场推进会等,从而统筹工作。台州相关市领导通过大会形式迅速把广大干部群众的思想和行动统一到小城镇整治行动中,对推进小城镇环境综合整治的进度、深度、方向、干劲等起到至关重要的作用(表6-6)。

台州市主要领导挂帅组织动员小城镇整治行动会议情况　　表6-6

2016年10月13日,台州市小城镇环境综合整治行动会议,时任市委书记王昌荣讲话

2017年10月25日,台州市小城镇环境综合整治行动推进会,时任市长张兵讲话

2018年5月7日,台州市传统产业升级暨小微企业工业园建设、老旧工业点改造现场推进会,台州市委书记陈奕君出席并讲话

2018年7月13日,台州市农村人居环境提升暨小城镇环境综合整治行动现场推进会,市长张晓强讲话

6.2.2 实施方案

台州市委、市政府制定出台了《台州市小城镇环境综合整治行动实施方案》（以下简称《实施方案》），明确指导思想：

"坚持以人民为中心，以五大发展理念为引领，深入实施新型城市化战略，全面开展小城镇环境综合整治行动，着力解决规划不合理、设施滞后、特色缺失、管理薄弱等问题，高质量统筹城乡发展，决不把污泥浊水、违法建筑、脏乱差环境带入全面小康社会，全面提升小城镇生产、生活和生态环境质量，加快推进'山海水城、和合圣地、制造之都'的建设。"①

同时，《实施方案》还明确指出了小城镇综合整治要"加强规划设计引领、整治环境卫生、整治城镇秩序、整治乡容镇貌。并对工作实施步骤和工作措施进行布置说明。"②

6.2.3 行动计划

继《实施方案》出台之后，台州市整治办于2016年12月13日出台了《台州市小城镇环境综合整治三年行动计划》③。2017年又制定了《台州市小城镇环境综合整治行动2017年工作计划》④，2018年再次明确《台州市小城镇环境综合整治行动2018年工作要点》⑤。这两份计划一方面是对《实施方案》的深化和细化，另外也分别从过程和目标两方面制定了详尽的策略，成为台州市小城镇环境综合整治行动的纲领性文件。

6.2.4 宣传推广

宣传与推广是小城镇环境综合整治行动的重要一环，宣传面向的对象主要是广大居民，小城镇环境综合整治是由政府驱动、服务社会的自上而下的工程，行动过程中不仅需要政府层面的支持配合，也需要社会积极参与，从而实现小城镇"协作式社会治理"。由于立场、利益出发点的不同以及认知水平的局限等，社会理解可能存在与政府导向不一致的情况，这就需要正确的舆情导向来宣传正能量。

---

① 台州市委办公室，台州市人民政府办公室.台州市小城镇环境综合整治行动实施方案（台市委办 [2016]43 号）.2016-11-2.
② 台州市委办公室，台州市人民政府办公室.台州市小城镇环境综合整治行动实施方案（台市委办 [2016]43 号）.2016-11-2.
③ 台州整治办.台州市小城镇环境综合整治三年行动计划，小城镇环境综合整治分批达标实施计划表（台城镇领办 [2016]18 号）.2016-12-13.
④ 台州市整治办.台州市小城镇环境综合整治行动 2017 年工作计划（台城镇领办 [2017]20 号）.2017-3-24.
⑤ 台州市整治办.台州市小城镇环境综合整治行动 2018 年工作要点（台城镇领办 [2018]8 号）.2018-3-23.

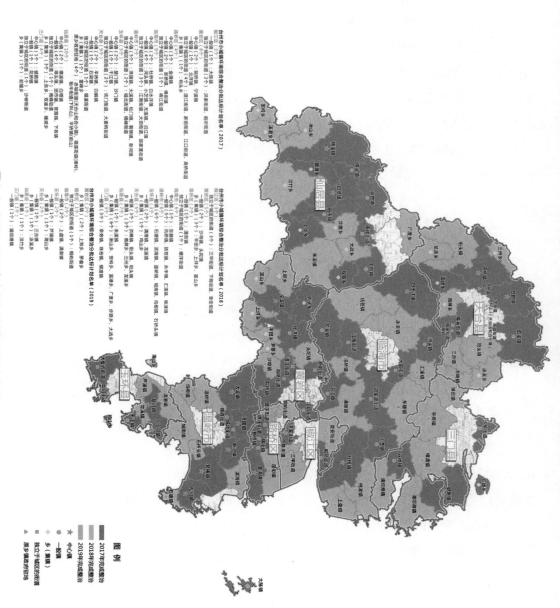

图 6-2　2017~2018 年台州市小城镇环境综合整治行动作战图

台州市在小城镇环境综合整治中产生许多创新做法与政策机制,各级媒体通过对台州的创新实践、创新机制进行介绍,使小城镇整治的经验做法得以推广。

1. 舆论宣传

舆论宣传主要运用电视栏目与报纸专栏进行宣传,如在台州电视台《台州新闻》中设立"打造美丽小城镇"专栏、在台州经济生活频道《山海经》栏目中开设"环境大整治 美化小城镇"专题(表6-7、图6-3、图6-4)。台州市小城镇整治办还与台州广电总台新闻综合频道的深度报道品牌栏目"台州深观察"合作,每期用12分钟以上的时间,详细报告整治工作的问题和成绩,通过深度报道引导舆论,联合督办推动落实。全年已展播15期,其中正面系列宣传报道10期,反面曝光整治不力乡镇5期(表6-8、图6-5)。

台州经济生活频道《山海经》栏目开设"环境大整治 美化小城镇"专题报道　　　　表6-7

播出日期	乡镇	标题
2018年3月21日	黄岩宁溪	百年古村重生记
2018年3月22日	温岭泽国	温岭泽国:打造现代化工贸发达的水乡生态小城市
2018年3月29日	路桥横街	横街镇的幸福经
2018年4月19日	临海白水洋	临海白水洋镇:依托山水文化 凸显乡土特色
2018年5月10日	仙居广度	仙居广度:依托山水优势 激活乡村经济
2018年5月25日	三门亭旁	三门亭旁:"浙江红旗第一飘"的活力密码
2018年6月14日	温岭箬横	温岭箬横:聚焦环境革命 打造现代化的幸福家园
2018年7月18日	黄岩头陀	黄岩头陀:变美丽环境为美丽经济
2018年7月30日	椒江前所	椒江前所:惠民生 振产业 打造和谐宜居美丽新城
2018年8月28日	玉环清港	玉环清港镇:全域谋篇 打造魅力风情小镇
2018年8月31日	临海括苍	临海括苍:依托自然禀赋 留存山海底蕴
2018年9月12日	路桥新桥	路桥新桥:美印新桥 水韵田园
2018年9月18日	仙居白塔	仙居白塔:古镇换新景 迈入全域景区化时代
2018年11月7日	路桥	路桥:一镇一品 打造诗画幸福家园
2018年11月20日	三门沙柳	三门沙柳:以"美丽乡村"撬动"美丽经济"
2018年11月22日	天台街头	千年古镇街头 续写时光传奇
2018年11月22日	温岭石桥头	石桥头镇:擦亮本色 就是特色
2018年12月10日	临海涌泉	涌泉镇:深耕橘乡文化 打造"恬蜜"新涌泉
2019年1月4日	临海尤溪	临海尤溪:绘江南山水 画幸福长卷

续表

播出日期	乡　镇	标　题
2019 年 1 月 22 日	黄岩上垟	上垟乡：绘就"湖里桃源、红色上垟"新画卷
2019 年 1 月 28 日	全市	台州：小城镇环境综合整治实现三年任务两年完成
2019 年 1 月 30 日	路桥蓬街	路桥蓬街：弘扬"筑塘精神"实现美丽城镇蝶变

图 6-3　台州经济生活频道《山海经》栏目开设"环境大整治 美化小城镇"专题

图 6-4　台州在线（电视台）开设"打造美丽小城镇"专栏

台州深观察成效展播情况　　　　　表6-8

		播出时间	标　题	点　评
反面	1	2018年8月2日	温岭：石桥头"杂乱"待整治	基础设施的改造提升固然重要，但面貌整顿，秩序治理，才是题中之意。在管理真空下，将缺陷全部归咎于基础设施落后，恐怕也是另一种形式的"方便思维"
	2	2018年8月10日	台州："僵尸车"为何难挪窝	僵尸车侵占公共资源，也影响城市美观，如何"尘归尘、土归土"，让"僵尸车"归位报废，完善法规是绕不过去的坎。城市管理，往往需要"疏""堵"结合
	3	2018年8月14日	椒江章安：环境和秩序整治待提速	环境改变的契机和起点在于管理推动，深入推进，破难攻坚，"抓提升、出成效"，小城镇不会一成不变
	4	2018年8月26日	玉环：沙门综合整治仍需提速	或许，关于时间和方法，沙门镇有自己的规划，但是无论如何，宜早不宜迟。小城镇综合整治，是小城镇的一次深层变革，切莫将整治变成应试，浮光掠影、临阵磨枪
	5	2018年9月4日	天台：坦头小镇"美丽行动"待加速	坦头镇产业兴旺、特点鲜明，是一个"特色小镇"、工业强镇，但从小城镇综合整治的标准来看，是否已经是达标小镇，对照自身确立的目标，是否真是"时尚小镇"，或许当下人们，很难给出肯定的回答
正面	1	2018年7月17日	台州：小镇美丽行动	小城镇环境综合整治行动，是一个小镇去粗取精、扬长避短的过程，有规划，有整治，有保护，在这里，有历史文化积淀的承接，也有现代发展思维的融入
	2	2018年8月6日	台州：老旧工业点的"蝶变"	老旧工业点的提升，一个能够解决"低小散"，促进产业转型升级，高质量发展；一个能够促进土地集约化利用，提高"亩产效益"
	3	2018年9月15日	千年埠头换新姿	在小城镇环境整治中，埠头借助厚重的文化积淀，以古居民保护开发为抓手，以打造洁化、序化、美化的人居环境为落脚点，挖掘水韵文化，凸显古镇特色，小城镇环境综合整治取得明显成效
	4	2018年9月19日	环境整治出成果　温峤旧貌换新颜	今天新闻里的样板温峤镇，表面上看起来，并没有什么惊天动地的举措，一切都是小处着眼，需求落实，但小城镇环境综合整治，就是关系民生的"关键小事"，细节决定最终的成败
	5	2018年9月22日	临海：白水洋的"风情"	善用历史，善待文化，通过最大限度地发掘资源存量，实现"一镇一品"的美丽转身
	6	2018年9月28日	黄岩区：特殊的课堂助力小城镇环境整治	黄岩区通过小城镇整治课堂，探讨和碰撞小城镇治理的主题。在这里政策要求和百姓期待是统一的，那就是，改善镇区环境，凸显乡镇特色，提升幸福指数，让产业有更多潜力，让百姓能有更多获得
	7	2018年11月5日	玉环：沙门多措并举整治初显成效	环境脏乱差，并不是顽疾绝症，只要沉下心、俯下身，责任落实，措施及时，投入到位，症状可以在短期内得到缓解，甚至给人日新月异今非昔比的感觉
	8	2018年11月13日	三门：亭旁借力环境整治助推旅游发展	借着小城镇环境综合整治的东风，亭旁正在重现红色基因，发展红色经济。重现历史，发展旅游，这是亭旁的一次现实选择，不过，随着红色文化的重新觉醒，或许亭旁，还能找到更多的"远方"
	9	2018年12月14日	台州：美丽庭院，一户家庭就是一处风景	"美丽庭院"作为一个起点，还能为美丽乡村添彩，为乡村振兴助力，最终将农村建设成为人人向往的生态宜居之地，让身居其中的人们获得满满的幸福感与获得感
	10	2018年12月27日	天台：坦头的"蜕变"	在天台坦头的小城镇环境综合整治经验中，我们看到了得力的措施和坚定的执行，也看到了政府和民间的"双人舞"，因为处置坚决，所以快出成效，因为收益显著，所以百姓配合，至此，环境整治进入良性循环的通道，彼唱此和、珠联璧合

图6-5　《台州深观察》报道

　　在《台州日报》、台州电视台、《台州晚报》等主流媒体上开设专栏，如《台州日报》头版的"环境整治美化小城镇"专栏、《台州晚报》的"小城镇环境整治进行时"专栏等。这些专栏动态报道小城镇整治的现实意义和年度工作目标、重要会议和政策、各地各部门具体工作开展情况、典型做法经验与效果等，对推动小城镇环境综合整治的全民参与起到积极的推动作用（图6-6、图6-7）。

图6-6　《台州日报》关于天台整治的报道

图6-7　《台州日报》关于"滩长制"的报道

2. 省市重点宣传报道及经验推广内容

台州市在实践中产生的工作亮点、整治模式与机制得到国家部委及省市领导的充分肯定，并通过相关网站与内部简报进行推广宣传。2018年5月，住房和城乡建设部对台州市小城镇环境综合整治"回头看"行动进行了宣传介绍（图6-8）。《浙江省小城镇环境综合整治行动简报》和《浙江日报》对台州的相关做法多次进行编发推广报道（图6-9~图6-11）。如《浙江省小城镇环境综合整治行动简报》2017年第6期，对台州在"道乱占"整治中，采用的通过规划引领，强化功能性基础设施提升、重拳整治，全域联动连续攻坚治顽症、建库明责，常态督考治理保持高强度的创新做法进行推广；2018年第24期，介绍台州"低散乱"企业转型发展，"多部门协动，齐抓共管促治理、多举措建园，加快集聚促提升、抓大扶中育小劣汰，推动产业促转型"；2019年第2期，对台州在"低散乱"专项治理中，台州出台的一系列政策文件，如《台州市传统产业优化升级行动计划》《台州市小微企业工业园建设改造三年行动计划》《关于加快工业地产开发建设的实施意见》，以及温岭市实施零门槛"飞地"模式等创新做法进行介绍，对小微园建设、"低散乱"整治、深化"亩均论英雄"改革等相关内容进行介绍推广。

图6-8　住房和城乡建设部对台州"回头看"进行推广宣传

图6-9　浙江日报的推广

图6-10　浙江日报专版《山海相依 小镇融情》

图6-11　浙江日报专版《山海水城 和合圣地》

3. 整治人物事迹报道

在整治中，涌现出一大批积极整治、干在实处、走在前列的人物事迹。对这些人物事迹进行报道，使更多的人积极参与到小城镇环境综合整治行动中（图6-12～图6-15）。

图 6-12　《浙江新闻》路桥区章林慧

图 6-13　《浙江新闻》温岭市坞根镇林振标

图 6-14　《台州日报》黄岩区郑晖

图 6-15　《台州日报》仙居县张飞远

6.2.5　集中推进

　　台州市、县（市、区）两级党委政府多次召开推进会（现场会）、协调会,加强组织领导（图6-16）。市整治办建立县（市、区）主任月例制度,加强整治行动的协调推进。如2017年8月4日,浙江省召开全省"三改一拆"和小城镇环境综合整治推进会,台州市四套班子领导在台州分会场参加会议。主会场会议结束后,台州市继续召开视频会议,时任市委书记王昌荣就贯彻落实全省推进会精神,抓好下阶段"三改一拆"、小城镇环境综合整治工作提出了要求。这些集中推进行动起到统一思想、统一行动、学习赶超、整合资源,以及解决关键问题等作用,有效保障了台州市"三年计划两年完成"目标的实现。

图 6-16　集中推进会

6.2.6　督导考核

考核机制自上而下分为省级考核、市级考核、县级考核"三级考核"(图6-17)。层层考核、相互嵌套,省对市考核、市对县考核、县对镇考核,最终成绩由省整治办组织专家组对乡镇整治成效进行分批分年度考核确定。

1. 省级考核

图 6-17　"三级考核"流程图

浙江省在2016年12月30日出台了《浙江省小城镇环境综合整治行动考核验收暂行办法》,考核形式主要为集中考核。

2017年4月19日,浙江省小城镇整治办出台文件,要求把督查作为推进工作的一大利器。建立健全小城镇环境综合整治专项考核,完善考核指标。把小城镇环境综合整治纳入市委、市政府对县(市、区)党委、政府的目标责任考核中,把小城镇环境综合整治行动成效作为考核县(市、区)、乡镇党委政府和领导干部工作实绩的重要内容。建立健全动态评估和通报机制,由市对县(市、区)、县(市、区)对乡镇分级实施,定期考核,通报排名。

2018年又出台了《浙江省小城镇环境综合整治行动考核验收办法》,增加了机动考核和推荐免考两种形式。至此,2018年浙江省小城镇整治办对台州小城镇环境综合整治工作的考核形式主要有机动考核、年中考核、年终考核。

浙江省整治办赴台州考核情况　　　表6-9

年　度	时　间	项　目
2017	2017年12月	2017年度年终省级集中考核
2018	2018年7月	2018年度年中集中考核和推荐免考
	2018年10月	2018年度省级机动考核
	2018年11月（上旬）	2018年度省级机动考核
	2018年11月（下旬）	2018年度省级机动考核
	2018年12月	2018年度年终省级集中考核

2. 市级考核

台州市在《浙江省考核办法》的基础上，进一步深化细化考核办法，2017年和2018年均出台了《考核办法》，采用规定的"季度考核、年终考核"相结合的立体考核形式，主要内容有：

（1）季度督查

市整治办分别于3月、6月、9月组织一次督查（表6-10），在各县（市、区）计划2017年验收达标的乡镇中抽查三分之一的乡镇。乡镇对整体情况进行说明、对存在的问题进行分析，并针对性地制定下阶段工作要求；市整治办根据现场检查和平时掌握的情况分析工作进度与存在的不足，并进行大方向指导。同时根据各专项年度工作计划和季度工作重点，对乡镇进行考核计分，以被抽查乡镇的平均得分作为该县（市、区）的季度得分，通报督查情况和排名结果。季度督查工作效果显著，推动了整治行动。

台州市小城镇环境综合整治季度督查行动　　　表6-10

日　期	发文机构	文件号	下发季度督查通知	督查考核形式
2017年3月8日	台州市整治办	台城镇领办〔2017〕15号	台州市整治办关于开展小城镇环境综合整治行动2017年第一季度督查考核的通知	抽查
2017年6月1日	台州市整治办	台城镇领办〔2017〕32号	台州市整治办关于开展小城镇环境综合整治行动2017年第二季度督查考核的通知	抽查
2017年9月27日	台州市整治办	台城镇领办〔2017〕48号	台州市整治办关于开展小城镇环境综合整治行动2017年第三季度督查考核的通知	抽查
2018年3月16日	台州市整治办	台城镇领办〔2018〕9号	台州市整治办关于开展小城镇环境综合整治行动2018年第一季度督查考核的通知	抽签 推荐
2018年6月28日	台州市整治办	台城镇领办〔2018〕17号	台州市整治办关于开展小城镇环境综合整治行动2018年第二季度督查考核的通知	指定 推荐 抽签

续表

日 期	发文机构	文件号	下发季度督查通知	督查考核形式
2018年 9月13日	台州市整治办	台城镇领办〔2018〕28号	台州市整治办关于开展小城镇环境综合整治行动2018年第三季度督查考核的通知	指定 推荐 抽签

资料来源：根据台州市小城镇环境综合整治办公室提供（2017—2018年）台账整理。

（2）年终核查

根据《浙江省小城镇环境综合整治行动考核验收暂行办法》，市整治办组织核查验收组，对各县（市、区）及其申报已经达标的乡镇开展全面核查验收，明确各县（市、区）和每个乡镇的核查验收结果，并对县（市、区）和乡镇进行通报排名（图6-18）。

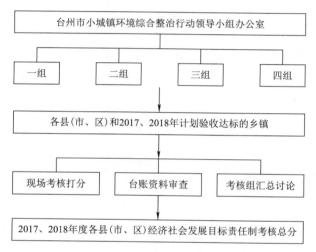

图6-18 年终考核流程图

随着小城镇整治工作的深入开展，台州市整治办于2018年6月出台《2018年台州市小城镇环境综合整治行动督导工作计划》，紧盯"督、导、考"三大环节，综合运用"通报、约谈、问责"三项手段深入督导，重点开展"三强化四推进"工作（表6-11）。

《2018年台州市小城镇环境综合整治行动督导工作计划》"三强化四推进"一览表　　表6-11

督导	项 目	主要内容
督导任务	强化指导帮扶	组织开展"大调研大帮扶活动"，组建帮扶团队进行分片联系、专项指导； 加强对考核项目的日常监督检查； 落实市级单位与乡镇（街道）结对联系制度； 加强对考核项目的日常监督检查
	强化督查考评	落实"月暗访、季督查、年考核"制度，结合全省达标乡镇"回头看"活动，综合运用定期通报、交叉督查、约谈问责等措施； 牵头抓好集中考、机动考和推荐免考
	强化项目进度	以目标倒逼任务，时间倒逼进度，督查倒逼落实

续表

督导	项　目	主要内容
督导任务	参与四项工作推进	推进重大会议筹备； 推进重大培训组织； 推进"五类"乡镇选树； 推进"四出"典型评选
督导要求	把握定位，发挥作用	常态化督导机制
	突出重点，严督实导	落实"规定动作"，探索"自选动作"，推进"五类小镇"创建； 督促各地按照实施方案，做到思想认识、活动安排、对照检查、整改落实"四到位"，推动制度建设
	讲究方法，加强沟通	讲求实效，深入乡镇（街道）一线了解情况，到项目实际施工中去发现问题，做到情况明、底数清； 加强与台州市整治办各专项组的沟通与交流，集思广益、群策群力，及时总结典型经验，明确项目进展，查找新问题并及时予以整改
	约谈问责，强化保障	落实约谈制度，对在月督查中排名落后、问题突出的乡镇（街道）由县（市、区）整治办负责人对乡镇（街道）有关负责人进行约谈提醒； 对季度督查中排名落后、问题严重的乡镇（街道）由市整治办负责人对有关负责人进行约谈提醒； 必要时，提请市委督查室或联系市领导约谈镇（街道）党委政府主要负责人，落实问责制度

3. 县级考核

在台州市级考核的基础上，县级考核更加细密。县级考核分为"年、季、月、周、日"五个层次，全方位、高密度考核。一些县（市、区）创新督查模式，如仙居县开展"辛苦指数"竞赛，采用季度督查和任务清单完成率相结合的督查方式，并与工作经费奖励挂钩。

与此同时，台州市整治办对各县（市、区）、各乡镇（街道）督查考核后，都会将存在的问题以整改通知的方式下发，督促县（市、区）、乡镇（街道）进行及时整改（图6-19）。

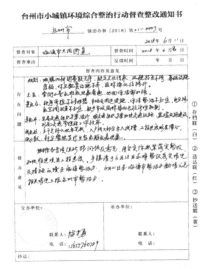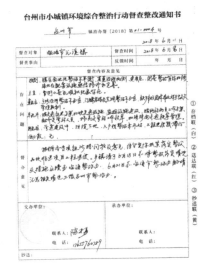

图6-19　台州市小城镇环境综合整治行动督查整改通知书（实例）

整改具有及时跟进、全力推进的重要作用。这些整改通知主要集中在以下几方面意见：小城镇风貌细节、规划合理性、项目的进展等。

台州市整治办将年终大考排名通报作为市财政以奖代补的参考依据。以2017年为例，排名前3名的县（市、区）由市小城镇环境综合整治行动领导小组授予全市小城镇环境综合整治行动先进单位称号。前10名的乡镇由市小城镇环境综合整治行动领导小组授予全市小城镇环境综合整治行动先进乡镇称号，并给予一定的奖励。

6.3　要素保障

小城镇环境综合整治，是一项系统工程，需要全方位的要素支撑，主要涉及土地、技术（人才）、资金等（图6-20）。其中，土地是最为核心的硬件要素，具有稀缺性和不可再生性；人才是软件要素，高素质人才为小城镇整治提供专业技术支持；资金是制约要素，具有杠杆作用，资金到位才能确保小城镇整治快速推进。只有政府确保这些要素，才能保证小城镇整治得以快速有效实施。

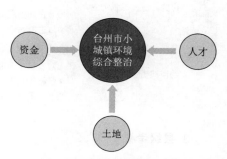

图6-20　小城镇环境综合整治的保障要素关系

6.3.1　土地要素

小城镇整治归根到底需要落实到空间当中，但落实到空间当中的任何整治行为都离不开土地。土地作为小城镇环境综合整治的基础要素，是所有小城镇环境整治落实到空间的载体，离开土地要素，小城镇环境整治将无从谈起。与土地相关的产权处置也将影响到小城镇整治行动的成败。在谋划用地空间与产权处置上，台州从政策与实践两个层面为小城镇整治的空间载体做了许多有益的探索（图6-21）。

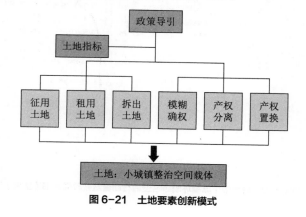

图6-21　土地要素创新模式

1. 政策导引

为了解决小城镇整治建设用地指标,台州市委办公室、市政府办公室于2016年11月2日出台了《台州市小城镇环境综合整治行动实施方案》①。2017年6月22日,台州市国土资源局出台了《支持推进全市小城镇环境综合整治工作的实施意见》②,该实施意见主要包含两方面内容:

（1）土地指标优先

在调整和强化土地利用总体规划的基础上,明确各类用地需求,利用存量土地,统筹机会指标,推进建设用地精准化、项目化,优先保障小城镇整治涉及的民生工程、市政基础设施等。2018年,三门、天台两县优先安排80亩土地指标用于小城镇,确保小城镇环境综合整治项目建设。

（2）增减挂钩政策

增减挂钩政策主要包括城镇低效用地再开发和农村土地综合整治。前者结合小城镇改造和产业转型升级等工作,根据实际情况,采取协商收回、鼓励流转、协议置换、优二进三、退二进三、三改一拆、收购储备等多种方式实施城镇低效用地再开发。后者通过开展农村土地综合整治、盘活存量建设用地,利用各种废弃地、闲置地、荒坡地,积极推进坡地村镇建设,节约建设用地。增减挂钩政策盘活了土地存量,节余的土地指标和收益优先用于小城镇整治项目。如玉环市开展农村土地综合整治,盘活存量建设用地,充分利用各种废弃地、闲置地、荒坡地,积极推进坡地村镇建设,有效保障小城镇环境综合整治建设的用地指标。

2. "拆、租、征"三结合

台州小城镇国有土地仅限于行政机关、医院、中小学等公共设施用地,其余多数用地属于村集体用地。因而,小城镇具有村落构成的行政区划、集体与国有混杂的土地形态、集体用地到户和国有土地属于职能部门等特征。乡镇政府对于乡镇建成区实际调控能力较为薄弱,从而成为小城镇整治的瓶颈难题。为破解这一难题,台州小城镇整治在实践中采用"拆、征、租"三结合模式。以"拆"为主,"租、征"为辅的小城镇整治用地模式具有极大的灵活性,破解了征地周期长、社会矛盾突出等难题,为小城镇整治行动的实施探索出一条实用有效的新途径。

---

① 市委办公室,市政府办公室.台州市小城镇环境综合整治行动实施方案（台市委办 [2016]43 号）.2016-11-2.
② 台州市国土资源局.支持推进全市小城镇环境综合整治工作的实施意见（台土资办 [2017]16 号）.2017-6-22.

在征用土地极为艰难的情况下,"拆"出土地是破解小城镇整治土地指标紧缺最重要最有效的手段,拆除对象主要是低效用地、闲置厂房、僵尸企业和违章建筑。"拆"是手段,拆后再利用才是最终目的,"拆"出来的土地主要用于公共设施建设和景观绿化用地。

对于沿小城镇主次街道批而未建的零星用地,以及沿省道、县道等交通干线和河道水系等的农用地,各乡镇政府为了美化城镇,采用"租"土地改造为口袋绿地和沿路沿河景观带的做法,极大地丰富了城镇景观。而对于小城镇整治中重要的公共设施、永久性建设工程、重要公共空间等项目涉及的建设用地,各县(市、区)主要采用"征"土地的形式整治。

3. 产权处置

小城镇通常由若干个村组成,具有乡村土地的空间特征,因而,小城镇整治势必会触及土地和房屋等空间产权问题,这也成为整治行动的关键要素。有关产权处置有模糊确权、产权分离和产权置换三种方式。

(1)模糊确权

所谓模糊确权是指在小城镇整治过程中,对产权存在争议而模糊不清的情形,暂时搁置争议,从而实现空间整治与管控,为双方或多方实现利益共增长。这种模糊确权法在实践层面具有很大的创新性,成为小城镇整治处理产权问题的重要解决方式。如临海市白水洋镇在对老街区投入500万元进行大改造过程中,不少村民担心改造后地块产权归属问题,白水洋政府邀请"两代表一委员"、乡贤代表等参与政策处理,经过多方沟通商讨,因地制宜地利用"模糊确权"方法,向村民承诺允许一定条件下产权暂时继续归住户所有,形成"政府打造、村民受用"的整治格局,快速推进了老街区块的整治。

(2)产权分离

所谓产权分离是指土地和建筑物所有权与使用权分离,也就是说在保障所有权不变的前提下让出使用权,节约政府在征收土地或建筑物上的巨额开支。

(3)产权置换

产权置换主要用于重要历史街区的改造,政府用国有安置土地将村民集体土地和住房置换出来,实现历史街区土地和建筑国有化,确保实现整体性保护改造历史街区的目标。仙居县皤滩乡为全面保护和修复"龙形古街"历史街区,政府征收136亩国有出让用地用以安置村民,并投资2000万元征收历史街区土地和建筑产权。

此外,玉环等地尝试对村集体实行"以地换房",创新推出"双菜单"模式,即无偿给予村集体征地面积5%～10%的建筑产权，或允许村集体以成本价回购征地面积30%～40%的建筑产权。在维护规划统一性的同时最大限度地保证村集体预期收益。对村民实行"利益补偿"，对土地被统一征收的村民给予一定额度的补偿并办理养老保险，让村民共享优化升级成果。

6.3.2　人才要素

小城镇整治本质上是通过物质空间整治实现社会治理的现代化过程，这一过程中需要专业技术支撑，尤其需要实践性强的规划、建筑、景观设计专业人才的介入，但台州各乡镇政府专业人才储备少、基础薄弱。因此，专业人才又成为制约小城镇整治快速推进的另一关键因素。为破解这一难题，台州市采取了外部引进、内部培养、帮扶机制、驻地服务四种策略模式。

1. 外部引进

由于规划、建筑、景观等设计活动属于生产性服务业，人才主要集中于全国各大城市。台州地处长三角边缘，为积极引进高水平设计团队提供高质量设计作品，台州市在小城镇整治开始之际即推出"规划摆摊"，邀请全国著名规划设计机构与各乡镇面对面接触，一方面使各乡镇有更多选择余地；另一方面使各设计机构处于竞争状态，保证高质量的设计作品。

2. 内部培养

小城镇整治是一项长效工程，关键在于乡镇领导、机关干部、村两委以及村民素质的提升。尽管外部引进设计团队能够提供良好的作品，但作为实施主体的乡镇政府还需充分理解，才能良好实践。因而内部培养非常重要，为实现内部人才培养，台州整治办及各县（市、区）创新出两条途径。

（1）举办专题培训班

台州市整治办不定期组织各类培训班，对各县（市、区）整治办和拟达标的小城镇领导干部和工作人员进行集中培训（图6-22）。充分解读对省、市两级小城镇环境综合整治行动实施方案、工作要点、整治技术指南、整治项目实施与规划管理、考核办法等各项政策文件，切实解决基层对整治工作理解不全面、不到位等问题。如2017年5月21日，台州市委组织部和台州市小城镇整治办联合组织小城镇环境综合整治培训班，邀请省整治办综合组副组长、省建设厅村镇处副处长何青峰以及省城乡规划设计研究院副院长余建忠分别对《浙江省小城镇环境综合整治行动》《浙江省小城镇环境综合整治技术指南》进行深入解读,对市政府、市人大、市政协、市级有关部门相关领导、各县(市、区)政府分管负责人和小城镇环境综合整治办公室负责人、列入小城镇环境综合整治达标计划的107个乡镇(街道)主要负责人等近200人进行培训。

图6-22　台州市小城镇环境综合整治培训班

（2）开设乡村振兴学院

小城镇整治是实现乡村振兴的重要抓手,乡村振兴理念需要通过小城镇整治来实现。台州各县(市、区)积极谋划通过乡村振兴学院等载体开展对小城镇规划建设管理人才的培训。黄岩区与同济大学合作,设立"同济大学黄岩区乡村振兴学院",采用"专题教学、现场教学、体验教学"三位一体的教学培训模式,对小城镇规划建设管理人才开展全方位的理论与实务培训。仙居县与中国美术学院在国家级历史文化名村仙居白塔镇高迁村开设"中国美术学院仙居乡村振兴学院"(图6-23)。

图6-23　同济大学黄岩区乡村振兴学院

3. 帮扶机制

台州市整治办组建两个帮扶小组,每个小组6人,由4个专项组组长与2个达标乡镇(街道)分管负责人组成,对整治规划方案、项目安排、项目设计、项目实施把关;对乡镇难以把握的具体问题提供决策咨询。在具体规划设计上,政府积极组织专家团队和专业技术人员开展送技术下乡培训。

4. 驻地设计

小城镇整治与城市开发相比,面临更多复杂情况,因而需要因地制宜、因时而异的动态调整方案,这就需要设计团队在设计作品落地时能够随时提供指导。为此,根据浙江省整治办指导,台州市全面落实"驻镇规划师"制度,创新"驻地设计",要求设计团体提供驻地服务,全程参与规划编制、节点设计、项目实施和细节调整。如椒江区创新实践"驻点+"工作模式,由区级牵头单位委派专业力量,采取"定人、定点、定期"的原则,进行驻点整治悉心帮扶,量体裁衣、有针对性地制定整治策略,形成问题点位专项整治方案,帮助街道理清思路,把握整治方向。

6.3.3 资金要素

小城镇整治涉及领域广、投入大。无论是设计、施工还是项目管理都离不开资金要素的支撑。小城镇环境综合整治需要拓宽融资渠道,台州实践中主要拓宽了政府性资金、投融资平台、社会资本三种融资渠道(图6-24)。

图6-24 台州小城镇整治资金来源构成

1. 政府性资金

政府性资金包括省财政转移支付、市财政以奖代补、县财政拨款等。

省财政转移支付:浙江省有1193个小城镇,省财政资金从2017年起至2019年止,分三年下达,整治资金对发达市县给予地方政府债券支持,对加快发展的市县采取资金补助和地方政府债券相结合的方式给予支持。以各县(县级市)列入整治范围的乡镇数量为因素,将市县分为五档,即所辖乡镇数为5个以下(含5个)、6~8个、9~14个、15~19个、20个以上(含20个),据此确定资金分配标准。

资金分配标准为:发达市县五档地方政府债券支持标准分别为2500万元/县、

4500 万元/县、6000 万元/县、9000 万元/县、12000万元/县；加快发展市县五档资金补助标准分别为2000 万元/县、3500 万元/县、4500 万元/县、6500 万元/县、9000 万元/县；地方政府债券支持标准分别为500 万元/县、1000 万元/县、1500 万元/县、2500 万元/县、3000 万元/县。

按照年度小城镇环境综合整治实施计划，每年根据规定核定市县分年整治资金。其中，补助资金采取分年预拨后清算的办法，待小城镇环境综合整治工作期满，再根据考核结果予以清算；用于支持小城镇环境综合整治的地方政府债券资金，根据每年全省地方政府债券规模，在省财政下达给各市县的年度地方政府新增债券规模内，按照资金分配标准再予确定，小城镇环境综合整治工作期满后，根据考核结果予以清算。

对于省级财政安排的地方政府债券资金和补助资金，由台州市各县（市、区）统筹安排用于所辖乡镇（街道）环境综合整治工作，项目单位严格按规定使用整治资金。

市财政以奖代补。市级政府由于不直接管辖各乡镇，也无直接税收来源，因此并不直接承担小城镇整治资金，而是采取"以奖代补"的形式，根据督导考核结果，每年度安排1000万元用于奖励，以激励那些小城镇整治工作突出、成绩优异的乡镇。

2016年11月2日，台州市委市政府发布的《台州市小城镇环境综合整治行动实施方案》[①]要求加强要素保障，市财政每年安排专项资金用于小城镇环境综合整治"以奖代补"，鼓励先进乡镇。同时要求各县（市、区）要把城镇环境综合整治行动资金纳入年度地方财政预算。2017年9月22日，台州市整治办出台《专项资金使用管理暂行办法》[②]，该办法对"以奖代补"作出明确说明：

"小城镇环境综合整治期间，市级财政每年安排以奖代补资金1000万元，用于小城镇环境综合整治工作。根据省考核结果，对年度通过省级考核验收的乡镇（街道）予以每个10万元奖励，经济薄弱乡镇予以每个15万元奖励；年度全市排名前30%的乡镇（街道），予以每个乡镇（街道）40万元奖励，经济薄弱乡镇予以每个60万元奖励。获得省考核优秀的乡镇（街道），另外再给予每个乡镇（街道）20万元左右的奖励。

在拨付时间上，市级财政实行隔年拨付模式，由台州市整治办会同市财政局，每年年初根据上年度省小城镇环境综合整治考核验收情况，下发以奖代补资金拨付文件。市财政局将资金拨付到县级财政部门，由县级财政部门根据文件将资金拨付至相应乡镇（街道）。"

2018年3月15日，台州市整治办根据2017年省整治办考核情况，提请市政府下拨2017年

---

① 市委办公室，市政府办公室.台州市小城镇环境综合整治行动实施方案（台市委办 [2016]43 号）.2016-11-2.

② 台州市整治办.专项资金使用管理暂行办法（台城镇领办 [2017]53 号）.2017-9-22.

对全市48个达标乡镇进行奖励，奖金共计1375万元[①]。

县级财政主要支出。小城镇整治资金列入县财政预算，县财政承担小城镇整治主要资金来源。县财政承担小城镇整治资金主要分为财政拨款和城镇土地出让金返回两种方式。各县级财政支出基本在10亿元以上，有效保障了小城镇环境综合整治资金。

以临海市为例，2017年和2018年共投入市财政资金11.41亿元。其中2017年投入5.47亿元，2018年投入5.94亿元，各乡镇因此获得了平均3000万元/镇的财政拨款。尽管投入巨大，但临海市并不采用"平均撒胡椒面"的形式，而是依据小城镇实际情况采取不同政策。有的乡镇获得财政拨款高达八九千万元，有的乡镇则为一两千万元。对于经济形势较好的乡镇并不直接补助财政资金，而是给予政策倾斜；而对于经济相对较差的城镇则倾向于补助资金。河头镇是临海北部山区经济欠发达的乡镇，临海市政府财政拨款近6000万元，使得该镇整治资金较为宽裕。

尽管县级财政承担了巨大的小城镇整治资金，但仍不能满足量大面广的小城镇整治资金需求。各县（市、区）出台土地出让金返回政策，以补充小城镇整治资金需求。"小额工程一事一议"作为县级财政解决小城镇整治资金的补充，如玉环市沙门镇实施市级常规补助与小额补助相结合的"一事一议"方式。

2. 投融资平台

小城镇整治单靠省市县财政远远不能满足，还存在着巨大的资金缺口，因而需要拓宽融资渠道。台州积极谋求金融资本介入，具体有银行等金融机构、城市建设投资公司等运作平台。如台州市整治办积极要求中国农业银行台州市分行参与合作，通过"贷、债、投、租"的形式，积极开展银团贷款、融资租赁，通过政府购买服务、PPP、投贷联动等模式，推进小城镇环境综合整治融资方式的创新。此外，台州市积极创新投融资机制，通过代建融资平台等方式加大对小城镇环境综合整治项目的投入。

3. 社会资本

社会资本参与小城镇环境综合整治建设，对缓解小城镇环境综合整治起到重要作用。其中最具意义和特色的是乡贤积极参与小城镇整治，台州乡贤主要通过捐款、捐建（图书馆、文化中心等）、回乡投资等三种方式慷慨解囊报答乡恩，用于乡镇公共事业建设，这对小城镇的整体风貌与品质提升具有重要的意义。

[①] 台州市小城镇环境综合整治行动领导小组办公室，台州市财政局.关于要求下拨2017年度台州市小城镇综合整治奖励资金的请示（台城镇领办[2018]7号）.2018-3-15.

第 **7** 章

浙江省台州市小城镇环境综合整治的绩效评估

7.1　社会评价体系

7.2　调研设计、数据来源与样本特征

7.3　研究方法

7.4　结果分析

第7章 浙江省台州市小城镇环境综合整治的绩效评估

以居民对小城镇环境综合整治的满意度为研究重点,构建小城镇环境综合整治的评价体系;利用顾客满意度评价法对本次整治的绩效进行定量测度;分析台州市小城镇环境综合整治工作的社会绩效总体水平、成效和问题。

7.1 社会评价体系

基于2016年《浙江省小城镇环境综合整治行动实施方案》中明确提出的整治目标,借鉴《浙江省小城镇环境综合整治行动乡镇考核计分表》中涉及的指标,将内涵相同或相似的指标进行整合,经过修改、补充和完善确定台州市小城镇环境综合整治绩效评价体系。该指标体系共包括6项一级指标、14项二级指标(表7-1)。

小城镇环境综合整治社会评价体系 表7-1

目标层	一级指标	二级指标 / 编号	评价方式	备 注
小城镇环境综合整治	环境质量 C1	公共空间环境 V1	CSI 评价法	
		住区空间环境 V2	CSI 评价法	
	服务功能 C2	基础公共服务设施完善度[①]V3	CSI 评价法	
		专属公共服务设施完善度[②]V4	CSI 评价法	功能性、风貌协调性
		商业服务设施完善度 V5	CSI 评价法	便捷性、风貌协调性
	管理水平 C3	群众参与治理程度 V6	CSI 评价法	
		基础设施长效管理 V7	考核结果	是否建立长效管理机制,责任部门是否明确,管理制度是否完善
		规划设计编制及实施力 V8	考核结果	

---

① 基础公共服务设施既包括公路、铁路、机场、通信、水电煤气等基础建设,也包括教育、科技、医疗卫生、体育、文化等社会性基础设施。

② 专属公共服务设施是指与城镇特定产业功能和定位相匹配的生产性服务设施。

续表

目标层	一级指标	二级指标 / 编号	评价方式	备　注
小城镇环境综合整治	乡容镇貌 C4	整体风貌协调性 V9	CSI 评价法	
		可再生能源建筑一体化程度 V10	考核结果	推进空气源、水源、热源等可再生能源利用
	乡风民风 C5	人文资源知名度 V11	CSI 评价法	
		民俗活动参与度 V12	CSI 评价法	
	社会公认度 C6	城镇居民友好交流程度 V13	CSI 评价法	
		城镇建设居民满意度 V14	CSI 评价法	

7.2　调研设计、数据来源与样本特征

7.2.1　调研设计

为尽可能保证调查结果的科学性，将问卷调研设计如下：①每个小城镇随机发放至少30份问卷，其中居民问卷至少15份，调研对象为年龄在16~65岁的当地居民，企业问卷至少15份，调研对象为当地企业的中高层管理人员或企业员工；②问卷采取匿名作答方式；③由镇级政府协助配合，在整治区内进行随机式问卷发放；④受访人员不集中在单一的企业或社区。

7.2.2　数据来源

为深入研究台州市小城镇环境综合整治行动的社会绩效水平，剖析不同县（市、区）的绩效差异，综合考虑台州市地形地貌、调查范围及成本等因素，在本次小城镇环境综合整治的区域中共选取27个城镇实施调研，涉及临海市、仙居县、天台县、三门县、黄岩区、路桥区、椒江区、温岭市、玉环市9个县（市、区）（表7-2）。

问卷发放乡镇情况　　　　　　　　　　　　表 7-2

所在县（市、区）	调研城镇
黄岩区	新前街道；宁溪镇；北洋镇
椒江区	洪家街道；三甲街道
临海市	河头镇；杜桥镇
路桥区	横街街道；金清镇
温岭市	大溪镇；石桥头镇；石塘镇
玉环市	芦蒲镇；楚门镇

续表

所在县（市、区）	调研城镇
天台县	平桥镇；街头镇；三州乡
仙居县	淡竹乡；白塔镇；埠头镇；朱溪镇；广度乡；溪港乡
三门县	健跳镇；浦坝港镇；花桥镇；亭旁镇

考虑到样本的代表性和研究的有效性，于2019年1月在各整治区内部展开实地调研（图7-1）。本次调研共回收问卷899份[①]，其中有效问卷835份，有效率为92.9%。

（a）玉环市座谈　　　　　（b）玉环市楚门镇发放居民问卷　　　　　（c）仙居县上张乡企业调研

图7-1　问卷发放与实地调研情况

7.2.3　样本特征

调研样本的主要特征如下（表7-3）：

从性别上来看，调研样本中的男性稍多于女性，样本比例分别为53.3%和46.7%。

从年龄分布来看，调研样本主要以25～40岁的群体和41～55岁的群体为主，分别占46.05%和28.59%，25岁以下和55岁以上的群体分别占14.13%和11.23%。其中，25～55岁的群体比较多的原因可能是由于调查样本主要集中于各县（市、区）整治区范围内，该范围不仅是经济生产活动的主要集中地，也是外来务工人员的主要生活区，因此，受访人员中的青壮年群体与外来务工人员较多。

从文化程度来看，受访人员主要以高中及以下学历的群体为主（49.05%），本科及以上学历的群体占26.81%，大专学历的群体占24.14%。由于本次调研地点多集中于生活社区和小微型乡镇企业，因此，受访人员的教育结构基本符合城镇的现实状况。值得注意的是，调研中多数县（市、区）负责人反映缺乏熟练专业技术工人，这也在大专学历的群体相对较少的样本数据中得到同步佐证。

从行业类型来看，从事工业和服务业的人员较多，分别占总样本量的28.46%和

---

① 本次问卷调查拟回收问卷共810份，由于部分乡镇的问卷实际填写数量超过30份，导致最终回收问卷的样本总量为899份。

28.13%；农业从业人员数最少，仅占总样本量的16.46%，这与台州市产业发展的现实情况基本相符（表7-3）。台州市作为浙江省民营经济的主要发源地，在经历了四十多年的工业化进程后，工业基础较为雄厚，绝大部分小城镇已摆脱了传统农业经济发展模式，因此，农业从业人员相对较少。

调研样本的主要特征统计情况　　　　　　　　　　表7-3

特　征	内　容	样本数（人）	百分比（%）
性别	男	445	53.30
	女	390	46.70
年龄	25 岁以下	118	14.13
	25~40 岁	385	46.05
	41~55 岁	239	28.59
	55 岁以上	94	11.23
文化程度	小学及以下	81	9.68
	初中	123	14.79
	高中	205	24.58
	大专	202	24.14
	本科及以上	224	26.81
行业类型	农业	137	16.46
	工业	238	28.46
	服务业	235	28.13

7.3　研究方法

顾客满意度调查（Customer Satisfaction Investigation, CSI），通过调查顾客满意度，达到评价某项产品市场接受程度的目的，已被频繁应用于产品的市场评价及产品质量改进中。随着公共管理研究的发展，该方法发展为公众满意度调查（Public Satisfaction Investigation, PSI），被国内学者广泛运用于政府公共产品和服务供给绩效的评价研究中[1]。

在此将顾客满意度调查（CSI）用于台州市小城镇环境综合整治的绩效评价，结合社会学研究方法中的李克特量表测量法[2]，将评价结果划分为五个等级，即非常满意、比较满意、一般、不太满意、很不满意，分别对应数值"5、4、3、2、1"。通过调查问卷获取主观

---

① 吴建南，庄秋爽. 测量公众心中的绩效：顾客满意度指数在公共部门的分析应用 [J]. 管理评论，2005，17（5）：53 — 57.

② 罗文斌. 中国土地整理项目绩效评价、影响因素及其改善策略研究 [D]. 杭州：浙江大学，2011.

评价数据，进而对问卷数据进行统计计算，最后得出绩效的总体评价值：

$$P_j = \sum_{i=1}^{n} v_{ij} / n \qquad\qquad （7-1）$$

$$P = \sum_{j=1}^{m} P_j \times W_j \qquad\qquad （7-2）$$

式中，P为小城镇环境综合整治绩效值，P_j为第j项绩效评价指标的满意度均值，V_{ij}为被调查的第i个居民第j项绩效评价指标的满意度值，n为有效调查样本总数，m为评价指标总数，W_j为指标的权重，通过预调查发现，居民对各个指标的重视程度区别较小，因此，本文将各个指标权重取值为1。

将小城镇环境综合整治绩效划分为"优秀、良好、一般、较差"四个等级，将满意度评价值相应地均等分为四个等级（表7-4）。

小城镇环境综合整治绩效评价等级划分　　　　　　　　　　　　表7-4

等级	优秀	良好	一般	较差
P	4.1~5.0	3.1~4.0	2.1~3.0	1.1~2.0

7.4　结果分析

7.4.1　总体评价

将调研数据输入公式（7-1）、公式（7-2）进行运算，即可得出台州小城镇环境综合整治社会总体评价值（表7-5）。

小城镇环境综合整治社会总体评价　　　　　　　　　　　　表7-5

总体绩效		P（绩效值）	
		4.29	
一		百分比（%）	样本数（份）
其中	优秀	57.1	477
	良好	33.9	283
	一般	9.0	75
	较差	0.0	0

总体来看，台州市小城镇环境综合整治的绩效水平总体测度值为4.29，所对应的社会绩效等级为优秀。测度结果主要集中在"优秀"和"良好"等级，样本数为477和283，分别占被调查总数的57.1%和33.9%；测度结果为"一般"的被调查者共75人，占比为9.0%；而评价结果为"较差"的被调查者数为0。

为剖析台州市小城镇环境综合治理绩效的区域差异,将数据按地区重新分类统计(表7-6)。各县(市、区)居民对环境治理的满意度均处于较高水平,北部、中部、南部各片区的绩效等级均为优秀,绩效值分别为4.35、4.27、4.26。台州市凭借小城镇环境综合整治行动的契机,在环境治理的同时也大幅提升了百姓的居住和生活质量,不仅获得了居民对于该项政策行动的支持和认可,也有效促进了台州各区域之间的协调发展。

台州市小城镇环境综合整治社会评价的区域差异 表7-6

区 域		绩效值 P	样本数(份)	占总样本百分比(%)
北部:		4.35	408	48.85
	临海市	4.43	63	7.54
	仙居县	4.24	114	13.65
	天台县	4.48	78	9.34
	三门县	4.25	153	18.32
中部:		4.27	286	34.26
	黄岩区	4.20	98	11.74
	路桥区	4.38	93	11.14
	椒江区	4.24	95	11.38
南部:		4.26	141	16.89
	温岭市	4.26	86	10.30
	玉环市	4.26	55	6.59

北部片区的总体绩效值最高,为4.35。其中,天台县(4.48)与临海市(4.43)的绩效值较高,三门县(4.25)与仙居县(4.24)次之。从产业机构上看,该片区以往的主导产业多为农业,经济发展动力的缺失导致了城镇基础公共设施和居民的生产和生活环境相对较差。近年来,各县(市、区)紧紧围绕"名县美城"和"全域旅游"两条主线,以种植业、加工业为发展重点,积极开发以观光旅游、休闲度假、生态旅游为主的专项旅游产品,着力将传统农业聚集地打造成为省级现代农业示范区。小城镇环境综合整治期间,各县(市、区)对农业基础设施、旅游服务设施和生活性基础设施等均进行了大力度投入,城镇整体风貌和设施服务水平大幅提升,这与以往的居住与生产环境对比强烈,因此,该片区居民的认同感最强。

中部片区的总体绩效值次之,为4.27。其中,路桥区的绩效值(4.38)最高,椒江区(4.24)与黄岩区(4.20)次之。该片区作为台州都市经济的主要发展带,经济水平与城镇建设水平较高,居民的生活质量也相对较高。小城镇环境综合整治期间,各区逐步置换现有工业。路桥区以摩托车及零配件、电子器件精深加工基地建设为重点,形成路桥香港青年产业园和循环经济产业园区等;椒江区以商贸和旅游业为重要支点构建宜居之城,结合PPP+EPC保障整治攻坚、红黄牌助推督查考核;而黄岩区则以特色亮点为抓手着力于"一镇一品"建设。三区的小城镇环境综合整治目标与措施明确,成效显著。

南部片区的总体绩效值略低于中部片区,为4.26。温岭市和玉环市的绩效值均达到4.26,说明南部各县(市、区)的协同发展水平相对较高。台州南部作为乡镇民营经济的主要发源地,经济水平与城镇建设基础相对较好,居民对于整治绩效的满意度相对较高。温岭市牢牢把握市委、市政府提出紧紧围绕"环境大整治、习惯大变革"的"环境革命"主题,完善"条块结合、以块为主"的工作责任机制,深入实施"一加强三整治"工作,有效提高小城镇环境秩序和生态质量。玉环市在人居环境整治方面,以"我爱我家"环境大整治大提升行动为主抓手和载体,掀起全民参与环境综合整治的热潮;在生态环境整治方面,按照"见缝插绿、路上透绿、拆违改绿、生态补绿"的要求,推进全域增绿扩绿。

小城镇环境综合整治的绩效并非仅在城镇发展基础较好的区域内呈现出高绩效特征。发展基础较为薄弱、基础设施不完备的区域在本次调查中也体现出较高的绩效评价值,这反映出台州小城镇环境综合整治对于补足地区发展短板的效果显著,各县(市、区)的公共服务和环境质量差距逐步缩小。台州的这一经验事实表明,环境整治和公共服务优化是推动城镇发展的重要动力,而政府的政策支持是区域协同均衡发展的重要保障。

7.4.2　成效分析

受访群众对于小城镇环境综合整治的单项绩效评价值存在差异(图7-2)。各级指标的单项绩效测度结果显示,6项一级指标的评价值由高到低依次为:管理水平(C3,4.84)、社会公认度(C6,4.55)、环境质量(C1,4.48)、乡风民风(C5,4.38)、乡容镇貌(C4,4.29)、服务功能(C2,3.67),说明在小城镇环境综合整治期间,政府的总体管理水平较高,并且在社会公认度、环境质量、乡风民风提升等方面成效显著。除服务功能指标的绩效等级为良好外,其余5项指标绩效均处于优秀等级范围内。

1.城镇风貌改善

小城镇的整体形象显著提升。政府通过沿街立面整治、深化"低散乱"治理等,深入挖掘当地特色文化,分类开展主次街道和旅游景区、景点等重要节点的立面整体设计和改造,对有碍景观的设施进行了拆改结合。问卷调查显示(图7-3),对城镇景观风貌非常满意的人群达到受访总人数的一半以上,比较满意及非常满意的人群共占比近92%。小城镇环境综合整治对城镇整体景观风貌起到了极大的提升优化作用,得到了居民的认可。

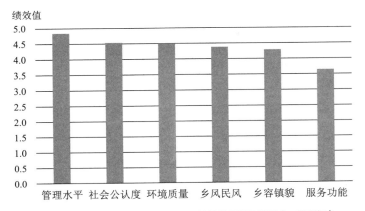

图7-2　台州市小城镇环境综合整治绩效单项指标差异（一级指标）

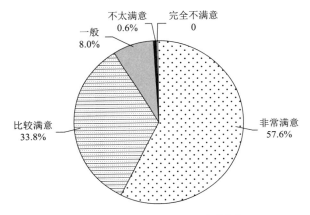

图7-3　台州市小城镇景观风貌满意度

　　城镇风貌的协调度大大增强。在乡容镇貌的整治中，涉及旧城改造、棚户区改造，空调外机、破旧卷帘门装设等，均对小城镇的风貌协调程度产生一定的积极影响。民众对于整治后的乡镇风貌满意度较高（图7-4），超过50%的民众认为新旧建筑风貌之间完全融合，认为较为融合及完全融合的居民比例高达91%，反映了小城镇整治过程中充分考虑了新旧风貌之间的衔接与协调。

　　民众的居住环境明显改善。台州市通过治理"道乱占""车乱开""线乱拉"，创建卫生镇、开展健康乡镇（小镇）建设等方式，有效整治与管控了原先的秩序乱象、环境脏乱差等问题，使百姓的居住环境水平大幅提升。近64%的受访居民对目前的居住环境很满意，近94%的受访居民对居住环境的满意度在基本满意之上（图7-5）。

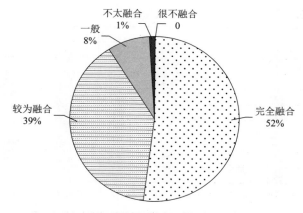

图7-4　台州市小城镇风貌协调度满意情况

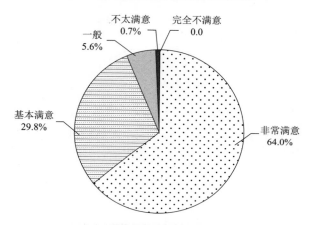

图7-5　台州市小城镇居住环境满意度结果

2. 居民素质提高

　　小城镇环境综合整治为推动社会治理提供了物质性条件，并通过有效治理措施对社会行为进行规范，提升了民众的整体素质水平。整治行动在很大程度上改变了人们的生活方式，提升了人们的生活品质。台州在实践中逐渐建立起来的例如"河长制""街长制""滩长制""湾长制"等长效管理机制具备针对性与监督性，在实践中结合"门前三包"等监督机制共同发挥效用，对"脏乱差"的乡镇社会行为起到了良好的规范作用。同时，全方位的宣传也在潜移默化中影响着民众的认识与行为，通过使城镇居民直接获利、改善人居环境来增强民众幸福感等两类途径使整治成果有效惠及民众，增强了民众的社会获得感、自豪感与归属感。

　　在小城镇环境综合整治行动的推进过程中，民众的参与度逐渐提升，达到较高的水平。面对不文明现象，超过91%的受访居民选择制止（图7-6），这表明民众对于所处城镇的认同感和归属感较强，对于小城镇整治的成果具有监督和保护意识；同时，近70%的受访民众曾为所在小城镇清扫过街道,近50%的受访民众整修过房屋外壁、院落,42%的受访居民清理过小广告或海报(图7-7)。统计数据表明,多数民众均为小城镇环境综合整治行动贡献过力量,公众的参与程度不断提升。

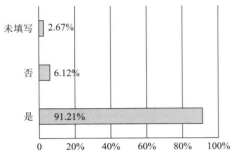

图7-6 是否会制止不文明现象调查结果

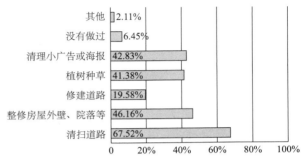

图7-7 民众参与度调查结果

公众参与度的提升与小城镇环境综合整治行动纠偏社会心态的效果有着较大关联。在小城镇整治之初,村民参与度普遍较低,乡镇政府为打破僵局开展多方调查与走访化解困境,以期获得民众们的理解与支持(表7-7)。例如玉环市海山乡,因地理区位导致的社会观念封闭、生产习惯落后等问题使得民众对整治行动抵触情绪严重,为此,政府积极开展社会心态纠偏,果断制定出台"阶梯式"整治方案,以村干部、党员干部、村民代表、普通群众的逐层递进关系开展环境卫生整治,民众观念从"要我整治"转变为"我要整治",促使整治工作顺利推进。

台州市小城镇社会心态纠偏 表7-7

原 因	根 源	措 施
产权问题	居民担心家门口画了停车线后,自己的地要变成公家地。思想一时间转不过弯,就阻止乡镇施工划线	面对产权问题,政府通过召开座谈会、入户宣传动员等方法,解答居民关于产权的问题
生活习惯是自家的事,与政府无关	有的居民认为在自家房前屋后堆放杂物是自家的事,不配合卫生整治工作	政府将整治效果展示于居民,居民对整治行动的态度逐渐发生转变。如邵家渡街道举办整治成果展,邀请居民、机关干部和领导到现场参观整治前后对比板,激发了群众的获得感和幸福感,从而消除整治期间的负面情绪
思想观念较为封闭,不愿改变	地处山区、海岛的封闭偏僻乡镇,观念落后保守	政府人员持续努力开展工作
对政府不信任	居民认为政府只是为了考核任务,整治一段时间就会停止。这只是政府为了应付上级的行为而已,与自己的相关度较低	政府人员持续努力开展工作,证明不是为了考核业绩

居民友好度在整治过程中得到极大提升。六成以上的民众对居民友好程度表示很满意,选择基本满意及以上的受访民众比例高达94%(图7-8)。由此可见,小城镇环境综合

整治不但明显改善了城镇面貌,也对邻里关系的维护产生了积极作用,较好的居民友好度也会起到提升居民素养的正向作用。

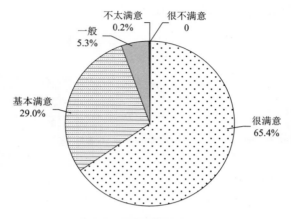

图7-8　居民友好度调查结果

　　政府对文化资源的有效挖掘也进一步增强了民众的文化认同感。在小城镇环境综合整治期间,台州市出台了一系列文化遗产保护措施,深入挖掘传统文化、历史文化、红色文化以及产业文化,将文化发展始终贯彻到城镇环境综合整治的过程之中。问卷调查结果显示,超过60%的受访民众近三年来参加镇举办的民俗文化活动三次及以上;民众对于所在乡镇的人文景点、传统民俗及历史文化的了解程度也非常高,88%的受访民众表示比较了解或非常了解,文化活动多元化增强了民众文化认同感(图7-9)。

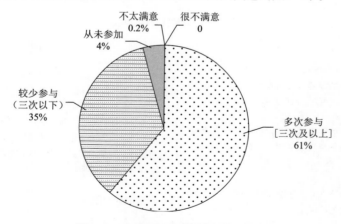

图7-9　居民民俗文化活动参与度调查结果

3. 企业转型升级

　　小城镇环境综合整治推动了企业的转型升级。其中,直接影响是通过取缔低小散、家庭作坊和建设小微园等,倒逼了传统企业的转型升级,推动了现代化的生产、管理与运营方式；间接影响体现在人居环境的大幅提升，从而增强了台州市对人才的吸引力，以及民众对于美好环境的持续追求，这些均有利于助推企业转型升级。

超过74%的受访农企负责人（或员工）认为企业在整治后降低了生产成本（图7-10），并且超过93%的受访人员表示小城镇环境综合整治有利于企业吸引高层次人才（图7-11）；此项结果在工业企业的调查中更为显著，超过97%的企业员工认为小城镇环境综合整治有利于企业吸引高层次人才（图7-12），超过76%的受访对象认为企业在环境综合整治后生产成本有所降低（图7-13）。以新前街道为例，该街道是以模具制造为主导产业的工业主导型城镇，环境整治期间通过家庭联合承包工厂的方式，解决了取缔小作坊居民的生产问题，从而引导当地产业的转型升级。

由此可知，小城镇环境综合整治作为倒逼经济转型升级的引擎，为企业提供了安全更高、质量更好的发展新空间，也为降低企业生产成本、增强人才吸引力、引入新产能和培育新产业奠定了基础。

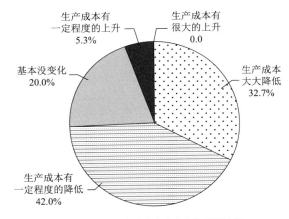

图 7-10　农业企业生产成本变化调查结果

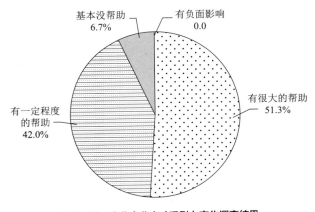

图 7-11　农业企业人才吸引力变化调查结果

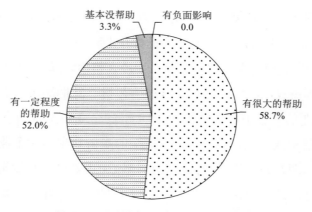

图7-12　工业企业人才吸引力变化调查结果

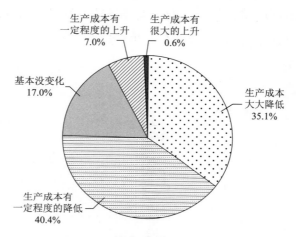

图7-13　工业企业生产成本变化调查结果

4. 政府公信力增强

在城镇建设满意度调查中,大部分居民对环境综合整治的成效较为认可,民众对于政府的信任度也较高。居民对于城镇建设基本满意及很满意的占比超过94%(图7-14),超过95%的人认为环境综合整治工作对于城镇的不文明现象具有极大的改善作用(图7-15)。另外,前文所提及的居民的高度参与感,不仅体现了居民素质的提升,也是政府公信力提高的侧面反映。

政府公信力的提升得益于管理水平、机制创新及服务效率等方面的改进。一方面,通过加大力度开展各类专项整治行动、加快机构部门建设、出台相关专项规划、强化管理制度等措施提高行动执行力;另一方面,加强部门配合、实施网格化管理、落实主体责任,以此提升政府管理水平。各乡镇将保障民众生活、维护民众利益、提供高水平企业服务放在首位,积极落实"最多跑一次""妈妈式服务"等政策,并着眼自身实际情况推出新服务

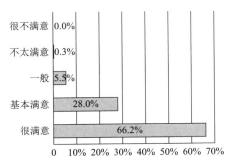

图 7-14　城镇建设满意度调查结果

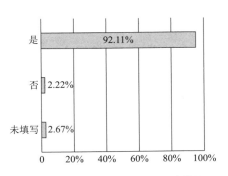

图 7-15　不文明现象改善情况调查结果

理念, 开展乡镇一级便民服务中心、四个平台("综合工作平台""市场监督平台""综合执法平台""便民服务平台")建设, 有效提高了政府行政管理效率, 创新了部门运行机制(表7-8)。

台州小城镇落实"最多跑一次""妈妈式服务"政策的典型案例　表 7-8

乡　镇	工作措施与内容	成　效
椒江区三甲街道	便民服务中心进行提升改造: 投资 6 万元, 增加办公面积 60m², 增设档案区、网办区、导办区、审批区和等候区, 融合"妈妈式"服务理念, 持续推进"服务提速", 以"一窗受理、集成服务"工作实现辖区群众办事"只进一扇门、最多跑一次", 跑出群众满意度	2018 年共办理事项 33 万多件
路桥区螺洋街道	樟岙便民服务中心: 开设公安、社保、工商、广电等服务窗口, 以"一窗受理、集成服务"推进"最多跑一次"改革, 特别是融合"妈妈式"服务理念, 进一步推进"服务提速"	
路桥区新桥镇	"一企一档"管理、"五问入企、五心服务": 建立企业综合绩效评估标准, 制订《工业企业"三色"管理办法》, 实施"三色"动态管理, 对不同类别的企业实行区别对待、差别化管理。出台《新桥镇租赁厂房管理办法》, 划定企业入园租赁准入标准, 源头管控出租厂房和承租企业, 做到厂房出租安全可控, 入驻企业稳定有序, 杜绝"散乱污"企业二次进驻。为企业发展营造良好的服务环境、公平的竞争环境	337 家工业企业入库"三色"评估管理体系
临海市尤溪镇	"自持体"模式: 进一步深化"一个平台、一支队伍、一站解决"的"妈妈式"服务, 着力打造产业鲜明、产链齐全、服务共享、产融双驱、高附加值的"五新"工业点	

在14项二级指标中, 共有12项指标的绩效评价处于"优秀"水平(图7-16)。其中, 规划设计编制及实施力的绩效值最高(4.95), 说明各县(市、区)在编制环境综合整治规划、加强整体风貌规划管控、强化整治项目设计引导、完善规划设计实施制度等方面表现突出; 基础设施长效管理(4.86)、群众参与治理程度(4.71)和城镇居民友好交流程度(4.55)的绩效值分别位居第二至四位, 说明各县(市、区)小城镇环境综合整治的长效管理机制较为健全, 基本具备了明确的责任部门与管理制度, 并且具有与城镇管理相匹配的人员配置和经费保障; 群众的参与治理程度和友好交流程度也普遍较高。此外, 仅有2项指标绩效值处于"良好"水平, 分别为专属公共服务设施完善度(3.48)和基础公共服务设施完善度(3.27)。专属公共服务设施完善度较低说明城镇的生产性基础设施供给尚不足

以匹配现代产业的发展需求，基础公共服务设施完善度较低说明生活性公共服务的供给还不能满足城镇居民的美好生活需要。

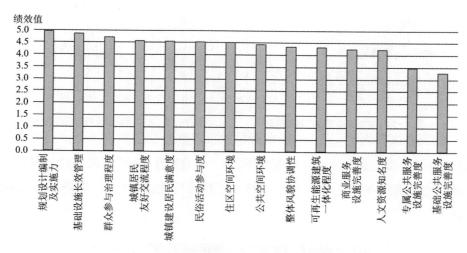

图7-16   台州市小城镇环境综合整治绩效单项指标差异（二级指标）

7.4.3   存在短板

为进一步厘清不同县（市、区）对公共服务设施的需求差异，对台州市各县（市、区）的基础公共服务设施完善度和专属公共服务设施完善度进行详细分析。研究发现，基础公共服务设施（如教育、文化、体育等设施）完善度不足是城镇发展过程中的共性需求；各城镇还由于自身的发展方向和定位差异，面临着公共服务设施发展过程中的特殊矛盾，即不同类型专属公共服务的缺失。

1. 共性需求：基础公共服务设施急需完善

从台州市9个县（市、区）小城镇的基础公共服务设施完善度情况看（图7-17），呈现出中部和南部各县（市、区）基础公共服务设施完善度普遍高于北部县（市、区）的特征。其中，路桥区（3.93）、玉环市（3.42）、椒江区（3.377）的基础公共服务设施完善度位居前三位。以路桥区为例，建成区已实现70m服务半径垃圾桶、500m服务

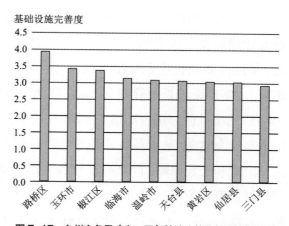

图7-17   台州市各县（市、区）基础公共服务设施完善度

半径公共厕所、3000m服务半径小型垃圾转运站全覆盖,以及一般镇、街道一星级集贸市场的全覆盖,大幅提升了居民对于生活性基础设施的需求。三门县(2.926)、仙居县(3.026)、黄岩区(3.034)的基础公共服务设施完善度均在3.0(良好水平)左右,教育、商业、文化、体育以及医疗等方面的基础设施投入尚待加强。

各县(市、区)在不同类型的基础设施完善度上存在差异(图7-18)。市政基础设施(邮政、消防等)和交通设施(接驳公交、停车场等)的完善度普遍较高,但各县(市、区)的商业设施(超市、农贸市场、商场、酒店、餐饮服务)、文化设施(影剧院、图书馆、综合文化中心)的完善度普遍较低,说明随着经济的发展和社会的进步,城镇居民的物质和精神文化生活日益丰富,对公共服务设施的需求也越来越多元化。从文化设施完善度看,天台县(2.685)、椒江区(2.796)、临海市(2.623)、温岭市(2.503)的绩效值相对较低。以上四个县(市、区)作为台州市城市化水平较高、经济发展状况较好的地区,本地居民更加注重对高品质生活环境、体验式消费环境的追求,因此,该项指标反映出人民日益增长的美好生活需要和不平衡不充分的发展之间存在矛盾。从商业设施完善度看,仙居县、三门县绩效值相对低,近年来两县虽然大力发展旅游业,但配套功能尚不健全,居民和企业单位对于相关商业服务体系的需求未能及时得到满足。除此之外,路桥区、玉环市和黄岩区的基础设施完善度最低值分别出现在体育设施(3.651)、医疗设施(2.300)、教育设施(1.794)等方面。

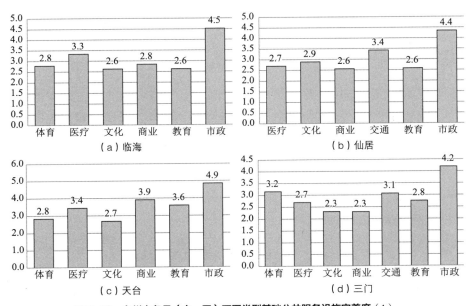

图7-18 台州市各县(市、区)不同类型基础公共服务设施完善度(1)

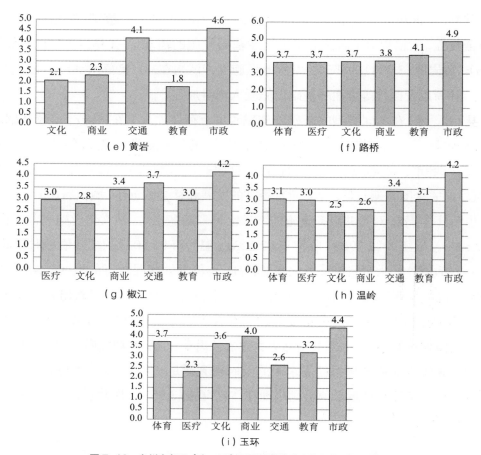

图7-18　台州市各县（市、区）不同类型基础公共服务设施完善度（2）

2. 个性化需求：专属公共服务设施尚待优化

从调研乡镇的专属公共服务设施完善度情况看（表7-9），大溪镇（4.02）、健跳镇（3.75）、石桥头镇（3.75）的绩效值最高，说明这些城镇的产业发展基础相对较好，功能配套较为健全；北洋镇（2.38）、三州乡（2.18）、芦蒲镇（1.06）由于多为传统农业乡镇或近年来开始发展旅游业，加之资金保障和投入力度有限，城镇的专属公共服务设施相对缺乏。通过对各城镇满意度最低的专属公共服务设施进行统计分类，得到台州市专属公共服务设施总体情况统计表（表7-10）。

台州市调研城镇专属公共服务设施完善度排序　　　　表7-9

镇　名	所在县（市、区）	完善度总得分	农业			工业		旅游业	
			研发	生产	销售	研发	生产销售	服务	消费
大溪镇	温岭市	4.02	4.00	4.50	4.00	3.54	4.32	3.85	3.91

续表

镇　名	所在县（市、区）	完善度总得分	农业			工业		旅游业	
			研发	生产	销售	研发	生产销售	服务	消费
健跳镇	三门县	3.75	3.33	4.17	3.33	3.33	4.17	4.17	3.75
石桥头镇	温岭市	3.75	—	—	—	3.22	4.28	—	—
淡竹乡	仙居县	3.68	3.33	4.06	3.33	3.33	4.17	3.75	3.75
平桥镇	天台县	3.67	3.33	4.17	3.33	3.33	4.17	—	—
新前街道	黄岩区	3.66	3.33	3.89	3.33	3.33	4.17	3.83	3.75
横街镇	路桥区	3.65	3.33	3.83	3.33	3.33	3.83	4.17	3.75
白塔镇	仙居县	3.64	3.75	4.38	3.75	3.33	4.17	3.27	2.86
洪家街道	椒江区	3.57	2.92	4.17	3.33	3.13	3.85	3.81	3.75
楚门镇	玉环市	3.52	3.33	3.89	2.78	3.33	4.67	3.54	3.13
金清镇	路桥区	3.39	2.86	3.63	2.98	3.33	4.17	—	—
宁溪镇	黄岩区	3.37	—	—	—	3.33	3.75	3.44	2.97
埠头镇	仙居县	3.32	2.50	3.33	2.50	3.33	4.17	3.86	3.52
河头镇	临海市	3.25	2.78	3.89	2.78	3.06	3.75	3.58	2.94
街头镇	天台县	3.15	2.83	3.67	3.33	2.50	2.92	3.89	2.92
浦坝港镇	三门县	3.14	3.33	4.17	2.50	2.73	3.03	3.75	2.50
三甲街道	椒江区	3.14	2.50	3.75	2.50	3.47	4.24	3.14	2.40
杜桥镇	临海市	3.06	1.67	3.75	3.33	3.00	3.83	3.33	2.50
朱溪镇	仙居县	3.05	3.15	4.07	3.15	2.78	3.61	3.03	1.59
花桥镇	三门县	3.05	2.92	3.65	2.92	3.33	4.17	2.69	1.67
石塘镇	温岭市	3.01	2.67	3.67	2.67	2.86	3.33	3.19	2.71
亭旁镇	三门县	2.97	2.78	2.69	2.96	3.33	3.33	3.61	2.08
广度乡	仙居县	2.86	2.50	3.13	2.92	—	—	3.47	2.29
溪港乡	仙居县	2.77	1.88	1.98	2.08	3.33	4.17	3.75	2.19
北洋镇	黄岩区	2.38	3.33	4.17	2.50	3.33	3.33	—	—
三州乡	天台县	2.18	2.17	3.25	1.67	—	—	3.81	1.96
芦蒲镇	玉环市	1.06	—	—	—	3.33	4.11	—	—

注：“—”表示城镇无该企业类型问卷；灰色底色的单元格表示在农业、工业或旅游业从业人员对于该项设施满意度最低。

台州市专属公共服务设施总体情况　　　　　表7-10

专属服务设施类型	涉及环节	设施名称	完善度
农业	研发	农业科研、实验设施	▲▲
		农业培训设施（培训中心、职业技术学院等）	▲
		劳动力市场（农业科技与管理人才）	✓

续表

专属服务设施类型	涉及环节	设施名称	完善度
农业	生产	农业投融资平台、招商引资合作中心	√
		农机租赁站	√
		农药站、化肥站、种子站等农业供给服务站	√
		农业种植、养殖设施	√
		农业生产基础设施（水、电气等）	√
		农业生产防治、检疫设施	√
	销售	物流仓储中心	▲▲
		信息化农产品买卖中心、农产品（成品）专业市场	▲
		非政府组织机构（供销社、合作社）	▲
工业	研发	产品科研、实验设施	▲▲
		职工培训中心、职业技术学院等	▲
		劳动力市场	√
	生产	投融资平台、招商引资合作中心	√
		咨询、法律、金融等中介服务中心	√
		生产基础设施（供水、供电、排污等）	√
	销售	物流仓储中心	√
		信息化产品买卖中心、成品交易市场	√
		非政府组织机构（供销社、合作社）	√
旅游业	服务	旅游集散中心	√
		旅游信息咨询设施	√
		地方文化服务（宣传）	√
		旅游公共信息设施（交通指示标识、解说系统）	√
		旅游安全保障设施（应急和救援设施、安全预警提示）	√
		旅游市场公共管理设施（投诉与纠纷处理中心）	√
	消费	特色餐饮设施（饭店、酒楼等）	▲▲
		特色旅店设施（宾馆、酒店等）	√
		特色商业设施（超市、商场等）	√
		特色娱乐设施（文化表演等）	▲

注："√"表示该项基础设施完善度较好；"▲"表示该项基础设施完善度较低；"▲▲"表示该项基础设施完善度最低。

在农业专属服务设施方面，农产品研发和销售类的专属公共服务设施完善度最低。在农产品研发环节上（图7-19），农业科研与实验设施、农业培训设施（培训中心、职业技术学院等）的需求最大；在农产品销售环节上（图7-20），农业企业或农户对于非政府组织机构（供销社、合作社）、农产品（成品）专业市场、物流仓储中心的需求依次增强。以黄岩区北洋镇为例,该镇的部分农产品亩产量高、采摘项目多样,但由于农产品对物流和运输的要求较高,镇级层面又尚未配套与之相适应的物流基础设施(多以企业自产自销为主),一定程度上制约了当地农产品市场的拓展。

在工业专属服务设施方面(图7-21),产品生产与销售相关的基础设施完善度普遍较好,但与产品研发相关的专属公共服务设施完善度最低(有近1/3的调研城镇在该类设施完善度方面的得分最低),主要反映在职工培训中心(技术学院)等普遍不足、产品科研与实验设施完善度较低。在调研中,不少乡镇企业负责人反映:与普通高中、职业高中相比,技工学校没有获得政策上的同等待遇,经费拮据,政府投入很少,"招工难,找技术工更难"的现象越演越烈。随着台州工业经济规模的不断扩大,产业结构逐渐由劳动密集型转向技术知识密集型,目前,很多乡镇大量缺乏技术工人,尤其是高级技工,工业企业对于职工培训中心或技术学院的需求日益增强。

在旅游业专属服务设施方面(图7-22),旅游服务设施的完善度相对较高,但旅游消费设施的完善度较低,有近三分之一的调研城镇在该类设施完善度方面的得分最低,各项消费设施的完善度由低到高依次为:特色餐饮设施、特色娱乐设施、特色商业设施、特色旅店设施。在调研中,一些农旅结合项目、民宿项目的负责人反映:当前自驾游客不断增多,但专门服务于自驾游客的露营地、餐饮、购物、保险等产品和服务的市场供给网络尚未形成,有限的旅游基础设施供给和庞大的市场需求之间的矛盾突出,导致了旅游提档升级的制约因素明显。

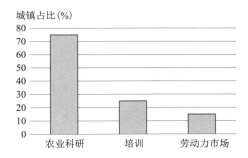

图7-19 农产品研发设施需求情况

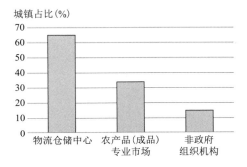

图7-20 农产品销售设施需求情况

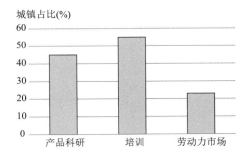

图7-21 工业研发设施需求情况图

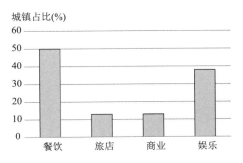

图7-22 旅游消费设施需求情况

　　综上分析，当前台州市的小城镇发展对于基础设施和公共服务的需求不断提升，但供给水平低下和供给结构错位等现象值得关注，尤其是那些针对不同产业类型的专属性公共服务设施建设存在明显短板，"公共服务共建共享"依然任重道远。因此，在深度剖析政府公共服务供给面临的现实困境基础上，需要根据小城镇的不同发展类型与模式，对城镇的基础设施和公共服务进行分类引导、加强有效供给，这将成为小城镇整治工作持续推进的重中之重。

第**8**章

浙江省台州市小城镇分类发展指引

8.1　小城镇综合发展潜力分析

8.2　小城镇分类发展模式

8.3　小城镇分类发展的典型案例经验

第8章　浙江省台州市小城镇分类发展指引

以台州市小城镇环境综合整治的109个乡镇为研究对象[①]，基于小城镇综合发展潜力评价，归纳台州市的小城镇分类发展模式，为准确把握不同类型小城镇的发展需求，有针对性地对公共服务设施的分类供给提供指导。

8.1　小城镇综合发展潜力分析

8.1.1　发展潜力评价体系

为科学有效地构建小城镇发展特征和潜力的评价指标体系，根据科学性、系统性、实用性等原则，构建了包括"社会发展—经济增长—环境保护—文化培育—资源管理"五维的评价指标体系。在此基础上，有针对性地选取15个因子指标，采用变异系数法对指标体系权重进行计算（表8-1）。

小城镇发展潜力评价指标体系　　　　　　　　　　　　　　　表8-1

一级指标（权重）	指标变量编号 / 二级指标（权重）	备　注
社会发展（0.165）	X_1/ 城镇常住人口规模（人）（0.073）	镇域常住人口 / 镇域面积
	X_2/ 建成区公共服务设施密度（个 / 公顷）（0.053）	公共服务设施个数 / 建成区面积
	X_3/ 城镇化率（0.037）	建成区常住人口 / 镇域常住人口
经济增长（0.145）	X_4/ 人均 GDP（0.049）	乡镇 GDP/ 镇域常住人口
	X_5/ 地均工业企业总产值（0.078）	工业企业总产值 / 镇域面积
	X_6/ 第二、三产业从业人员占比（0.016）	第二、三产业从业人数 / 总从业人数
环境保护（0.254）	X_7/ 新增及改造垃圾中转站个数（个）（0.040）	数据为 2017 年和 2018 年城镇建成区新增及改造垃圾中转站个数

---

①　台州市小城镇环境综合整治共有 111 个研究对象，此章节研究对象为建制镇（乡）以及独立于主城区的街道。由于部分研究对象所在的乡、镇或街道行政区域重合，整合后共 109 个乡镇，文中统称为小城镇。

续表

一级指标（权重）	指标变量编号 / 二级指标（权重）	备　注
环境保护（0.254）	X_8/ 新增及改造雨污排水管网（km）（0.101）	数据为 2017 年和 2018 年城镇建成区新增及改造雨污排水管网长度
	X_9/ 新增及改造公园绿地面积（m²）（0.112）	数据为 2017 年和 2018 年城镇建成区新增及改造公园绿地面积
文化培育（0.249）	X_{10}/ 图书馆、文化站个数（个）（0.080）	
	X_{11}/ 举办各类全民性活动（次）（0.114）	数据为 2017 年和 2018 年内举办的全民性活动次数
	X_{12}/ 非遗项目挖掘（个）（0.054）	数据为 2017 年和 2018 年内挖掘的非遗项目个数
资源管理（0.185）	X_{13}/ 耕地面积（hm²）（0.046）	本书研究的资源管理主要指农地资源管理
	X_{14}/ 设施农业占地面积（hm²）（0.092）	
	X_{15}/ 农业技术服务机构从业人员数（人）（0.0463）	

8.1.2　数据来源与研究方法

1. 数据来源

选取参与台州市小城镇环境综合整治的109个建制乡、镇及街道①为样本单元，相关原始数据来自《浙江省2018年村镇建设统计报表》和《台州市小城镇环境综合整治成效汇总表（2018）》。

2. 研究方法

本书采用综合评价法对小城镇发展特征和潜力进行系统评价，其具体运算步骤如下：

为消除各指标不同量纲对评估结果的影响，对各项指标的基础数据进行去量纲的标准化处理。运用极值法②对判断矩阵进行无量纲化处理：

$$X_i = (X_i' - X_{min}) / (X_{max} - X_{min}) \quad (X 为正指标) \qquad (8-1)$$
$$X_i = (X_{max} - X_i') / (X_{max} - X_{min}) \quad (X 为负指标) \qquad (8-2)$$

式中，X_i 表示第 i 项指标标准化后的值，X_i' 为第 i 项指标的原始数值。

---

① 截至 2018 年初，台州市行政区辖椒江、黄岩、路桥 3 个区，临海、温岭、玉环 3 个县级市和天台、仙居、三门 3 个县，分设 61 个镇、24 个乡、44 个街道。本次台州市小城镇环境综合整治为 111 个乡、镇、街道区块，包括全部乡镇和部分街道。因其中有部分区块行政区域重合，经调整后最终确定本章研究对象为 109 个建制乡、镇和街道。

② 南秀全 . 极值与最值 [M]. 哈尔滨：哈尔滨工业大学出版社，2015.

计算标准化后各指标的平均值和标准差，结合变异系数法[①]求得各指标变异系数，归一化处理后得到各指标权重 W_i：

$$V_i = S_i / \bar{X}_i;\ W_i = V_i / \sum_{i=1}^{m} V_i \qquad （8-3）$$

式中，$\bar{X}_i$ 表示第 i 项指标的平均值，S_i 表示第 i 项指标的标准差，V_i 表示第 i 项指标的变异系数，W_i 表示第 i 项指标的权重，m 为评价指标个数。

对指标进行运算以求得各分项指标的评价指数，其评价模型[②]为：

$$ESI = \sum_{i=1}^{m} (W_i \times X_i) \qquad （8-4）$$

式中，ESI 为分项指标的评价指数，m 为该分项指标的评价指标个数。

8.1.3　小城镇发展潜力的区域空间特征

为揭示小城镇发展潜力因素之间的空间差异性，运用ARCGIS软件，利用各项要素的评价指数数据，探讨台州市小城镇各发展潜力因素差异的特征，从而为小城镇的分类差异化发展提供科学的数据与理论支撑。

采用最佳自然断裂法，根据综合指数由低到高依次界定样本，分别定义为Ⅰ级、Ⅱ级、Ⅲ级、Ⅳ级、Ⅴ级等五个等级。等级越高，表示在该项潜力指标上，该城镇的发展潜力越好；等级越低，表示在该项潜力指标上，该城镇的发展潜力越差。由此，绘制出台州市109个小城镇的单项指数空间分布图（图8-1）。

台州小城镇的社会发展特征和经济增长特征在空间分布上具有相似发展趋势，均呈现出"南高北低"的特征[图8-1（a）、图8-1（b）]。从空间特征上看，两类指标的高值集簇区（Ⅳ级、Ⅴ级区域）都集中在台东南沿海区域，主要为温岭市、路桥区和椒江区；低值萧索区（Ⅰ级、Ⅱ级区域）集聚在台中地区，主要为黄岩区、仙居县。具体来看，温岭市、路桥区是台州民营经济发展的集中区域，社会发展与经济增长呈现出协同发展的特征，这表明小城镇的发展要素协同性在一定程度上得到增强；低值集簇区中的黄岩区、仙居县、天台县和三门县的社会发展和经济增长潜力指数几乎均为Ⅰ、Ⅱ级，这些区域社会发展水平较低、人口集聚能力较弱，加之交通环境较弱，难以接受外部高层次的经济社会辐射，经济发展较为落后。

从指数特征上看，玉环县坎门街道经济增长指数（0.144）最高，远远超出位居第二、三位的峰江街道（0.086）和城北街道（0.082）。社会发展指数值超过0.1的有4个城镇，分

---

①　杨宇.多指标综合评价中赋权方法评析[J].统计与决策，2006（13）：17-19.

②　刘海清，方佳.海南省热带农业现代化发展水平评价[J].热带农业科学，2013，33（01）：73-76，81.

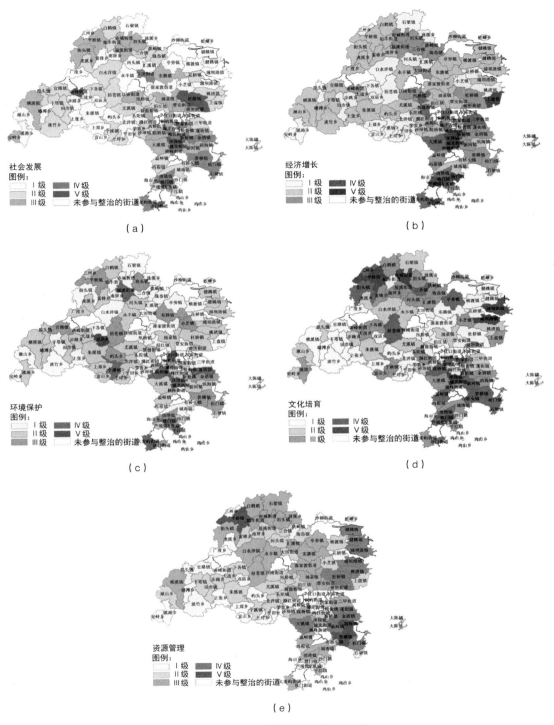

（a）社会发展

（b）经济增长

（c）环境保护

（d）文化培育

（e）资源管理

图8-1　台州小城镇多维空间特征分析

别为温岭市泽国镇（0.133）、玉环县坎门街道（0.121）、临海市杜桥镇（0.114）和玉环县楚门镇（0.103）。这些城镇基本都为工贸重镇或浙江省小城市培育试点，社会发展水平较高。社会发展指数值较低的城镇多数位于仙居县、天台县，指数得分均在0.006以下。

环境保护指标的空间分布特征差异较大，得分较高的小城镇具有小范围"簇群"状空间分布特征，主要分布在台中以及台东南区域[图8-1（c）]，多具有较好的自然环境基础，地区政府和企业的环保意识和能力较强。如仙居县双庙乡（0.110），以"花园乡村、有机小镇"为建设目标，先后被各级授予"中国最美田园""国家级生态乡"等荣誉称号；泽国镇坚持经济发展与生态保护并驾齐驱、改善人居环境、彰显水乡特色；黄岩区院桥镇（0.069）紧扣"干干净净、整整齐齐、漂漂亮亮、长长久久"的十六字方针，将其打造成工贸发达的绿色低碳小镇。环境保护指标得分较低的小城镇则呈"片"状分布，大部分分布在经济发展较弱的区域，可以说经济落后一定程度上制约着城镇环境的改善。为此，在城镇环境提高的过程中，政府的政策供给扮演着重要角色，否则可能出现"高经济低环境"的现象，例如沙门镇（经济指数为0.080，环境指数为0.021）和芦浦镇（经济指数为0.078，环境指数为0.025）。

台州小城镇文化培育水平在空间上呈现"南北高中间低"的分布特征[图8-1（d）]，得分较高的区域主要分布在台东南沿海区域和台北区域。台东南沿海区域是台州市经济发展发达的区域，随着人们对生活质量的关注转向高端的精神追求，城镇文化培育的重视度与关注度也逐步提升。如泽国镇（0.168）和楚门镇（0.123），两者既是经济强镇也重视文化的挖掘与弘扬。泽国镇是全国第一家股份合作制企业的诞生地，素有"台州商埠"之称，近两年挖掘非遗项目4个，举办各类全民性活动532次；楚门镇是全国著名的"文旦之乡"，近两年举办各类全民性活动达200余次。台北区域的小城镇多以发展旅游业为主，如天台县平桥镇（0.093）历史底蕴深厚、历代文人辈出，以弘扬乡贤文化为契机，打造乡村文创旅游；温岭市石塘镇（0.063）是著名的民宿旅游区，其紧紧围绕海洋文化特色，把石塘镇建成"东海好望角"。两者均通过文化创新促进旅游业的深度发展，从而形成了较高的文化培育水平和强而有力的旅游竞争力。

台州市小城镇在资源管理水平上呈现"东高西低"的发展差异[图8-1（e）]。台州地势由西向东倾斜，西北山脉连绵，东南丘陵缓延，平原滩涂宽广。资源管理水平对区位和地形等空间要素的依赖性较高，因此，资源管理水平与地形在空间上具有一定的相似性。只有具有良好的土地基础，该地的农业产业才能有发展的潜力。资源管理指数由高到低依次为温岭市箬横镇、温岭市滨海镇、天台县平桥镇和路桥区金清镇。箬横镇耕地面积6125.5hm²，是台州市耕地面积最大的城镇，其中，设施农业占地面积1895hm²，在台州小城镇中排名第一；滨海镇的农业机械化水平最高，其设施农业占地面积1721hm^2，设施农业面积占耕地面积的比例（47.8%）为台州市最高；平桥镇农业技术水平最高，该镇从事农业技术服务的人员有53人，占全市农业技术服务人员总数的5.5%。

8.2 小城镇分类发展模式

为探究台州市小城镇科学合理的分类转型发展方向，采用纳尔逊法分析每个小城镇在每个指标上的得分值，计算每个聚类后的指标中所有小城镇的得分值的算术平均值和标准差；以高于算术平均值为依据进行归类划分，高于该值的小城镇标示为该指标的"优秀型"，其他为"一般型"（表8-2）。

台州市小城镇单指标分类结果 表8-2

指标分类	按单指标划分的小城镇类别	小城镇数量（个）
社会发展	优秀型（A1）	66
	一般型（B1）	43
经济增长	优秀型（A2）	67
	一般型（B2）	42
环境保护	优秀型（A3）	79
	一般型（B3）	30
文化培育	优秀型（A4）	57
	一般型（B4）	52
资源管理	优秀型（A5）	69
	一般型（B5）	40

采用组合分析法统计具有"优秀型"指标的小城镇，并逐级确定小城镇的发展类型。首先，将社会发展类指标优秀且具有一定产业发展潜力的小城镇定义为综合发展型城镇。其次，在剩下的城镇中，将经济发展类指标优秀的小城镇定义为工业主导型城镇，其中包括以工业为主、以农业或者旅游业为辅的小城镇；将文化培育类指标优秀的小城镇定义为旅游主导型城镇，其中包括以旅游为主、以农业为辅的小城镇；将资源管理类指标优秀的小城镇定义为农业主导型城镇，其中包括以农业为主、以旅游业为辅的城镇。最后，将剩余的城镇划分为一般型城镇（表8-3）。运用ArcGIS 10.4软件，绘得台州小城镇分类发展空间分布图（图8-2）。

台州市小城镇发展方向分类组合结果　　表 8-3

乡镇分类	组合方式	小城镇数(个)
综合发展型	A1+A2+A3+A4+A5/A1+A3+A4+A5/A1+A2+A3+A4/A1+A2+A4+A5/A1+A2+A3/A1+A2+A4/A1+A2+A5/A1+A3+A5/A1+A4+A5	37
工业主导型	A2+A3+A4+A5/A2+A3+A4/A2+A4+A5/A2+A4/A2	11
旅游主导型	A3+A4+A5/A3+A4/A4+A5/A4	22
农业主导型	A1+A5/A3+A5/A5	11
一般型	其他组合	28

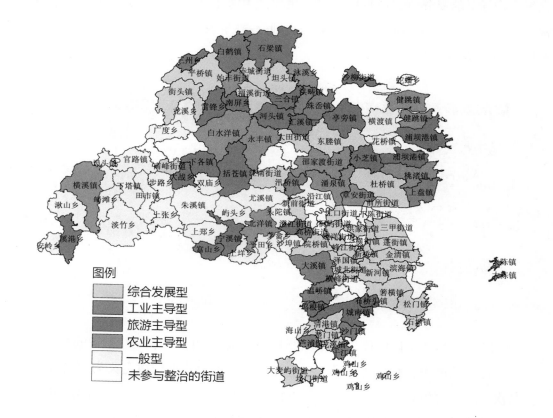

图 8-2　台州小城镇分类发展空间分布

8.2.1　综合发展型城镇

　　综合发展型城镇共有37个, 占研究小城镇总数的三分之一左右。该类小城镇主要集中于台州东南沿海地带(椒江区、路桥区、温岭市以及玉环市等), 呈现"簇群"状空间分布特征。综合发展型城镇依靠区位、交通和市场资源优势, 受中心城市的经济影响和辐射带动, 呈现出与中心城市一体化发展的趋势。典型城镇有温岭市泽国镇、临海市杜桥镇、玉环县楚门镇、玉环县坎门街道、仙居县南峰街道和路桥区金清镇等。

8.2.2 工业主导型城镇

工业主导型城镇有11个,占研究小城镇总数的10.1%。空间上呈现"点"状分布,主要在临海市、温岭市域范围内。该类城镇依托特色产业引领地区发展,通过传统和新兴特色产业相结合的方式推动了产业结构的优化升级,促进了镇域经济的多元化和可持续发展。典型城镇如温岭市芦浦镇、沙门镇、大溪镇等。

8.2.3 旅游主导型城镇

旅游主导型城镇有22个,占研究小城镇总数的20.2%。这类城镇在空间上东西分布差异比较大,主要集中在台州南部,只有少数位于台州北部区域。其核心竞争力为优美的自然资源以及悠久的历史文化资源,对区位、经济等要素的依赖性比较低。这类乡镇主要以高品质的乡村生态休闲需求为主导,大力改造传统经济发展模式、充分利用本地资源优势,形成一批高品质度假休闲基地。与此同时,旅游发展还带动了当地地方农产品的对外销售,为当地农业服务职能提升提供了持续动力。典型城镇有临海市括苍镇、天台县白鹤镇等。

8.2.4 农业主导型城镇

农业主导型城镇共有11个,占研究小城镇总数的10.1%,主要分布在台州北部,空间上呈现"片"状分布的特征。这类城镇主要位于仙居县、天台县、三门县以及临海市,城镇经济发展相对较弱。农业主导型城镇有别于传统的农业,是指发展规模化、机械化、高科技、高质量的现代农业。对于这部分城镇发展的实际扶持和绩效评价应区别于一般的工业型城镇,如镇域总人口的适度减少和城市化转移是极为鼓励的,这有利于大规模的资源管理,应该成为政府的工作绩效之一。在这些城镇中,城镇化和工业并不是最重要的,更多的时候应该围绕农业的产业化发展来组织相关产业和集中人口。较为典型的农业城镇有临海市涌泉镇、黄岩区北洋镇、仙居县横溪镇、临海市白水洋镇等。

8.2.5 一般型城镇

一般型城镇共有28个,占研究小城镇总数的25.7%,这类城镇主要分布在台州西部,空间上呈现"片"状分布的特征。这类城镇主要集中在仙居县与黄岩区，距离台州城市中心距离较远，难以受到中心城市的辐射作用，镇域经济基础薄弱，基础设施配套不够齐全，人口规模相对较小。城镇内有一定的产业基础，多数以农业为主，但其资源产出效益低，均难以形成较大规模的产业，无法起到带动城镇经济发展的作用。这类城镇应多与周边城镇抱团取暖，通过共建共享形成规模经济，其发展方向多为现代化的农业小城镇。较为典型的一般型城镇有仙居县上张乡、黄岩区平田乡等。

8.3　小城镇分类发展的典型案例经验

8.3.1　综合发展型城镇——玉环市楚门镇

楚门镇位于玉环市北部、楚门半岛中心地带，城镇建成区面积13.9km²。2017年镇域常住人口13万人，镇域户籍人口52745人，建成区常住人口9.1万人。从经济发展方面看，楚门镇整体经济发展水平位居全省前列，2017年GDP达到198.02亿元，财政收入7.5亿元；2018年楚门镇经济综合实力为省内第13名，名列"全国千强镇"第68名。

作为省级中心镇、浙江省小城市培育试点镇，楚门镇始终坚持规划引领、立体推进小城镇环境综合整治工作。环境整治方面，楚门镇将重点基础设施建设与综合整治强化相结合，依法推进水面、路面、空中等全方位立体化整治，致力于打造高质量的人居环境。经济发展方面，楚门镇结合旧厂区改造，大力整治"低、小、散"企业30多家，拆除村级老旧厂区37家，从而推动小微企业园建设，淘汰众多高污染落后产能，形成阀门和家具两大产源地市场群（图8-3、图8-4）；与此同时，为顺应"大众创业，万众创新"大潮，楚门镇建立了台州首家乡镇级人才综合服务机构、国家级"众创空间"——"楚洲人才梦工场"，利用市场主导、政府搭台、企业运营相结合的模式，帮助本地多个企业打造行业标杆。目前，众创空间入驻创意团队47家、创意人员230人，2016年度面向本地8000多位青年、450多家企业提供了包括科研攻关、3D打印、品牌创意、跨境服务、电商培训、创业孵化、网站开发、店面装修、知识产权等服务。社会治理方面，楚门镇在小城镇环境综合整治期间充分发挥乡贤力量，政府通过税收等政策引导居民自主提升人居环境质量。文化建设方面：楚门镇积极打造文创街区，以此为依托传承文化记忆、培育产业链，全力推进政府主导、社会参与、多元投入、共建共享的现代文化产业体系建设。同时，采用"政府+服务机构+文化礼堂+志愿者"的公共文化服务模式及"文化礼堂+服务机构+志愿者"的公共文化服务管理模式为楚门人提供更为丰盛的文化服务，打造兼具底蕴与活力的历史文化名镇。

图8-3　拆除违建厂房

图8-4　拆除老旧工业点

以"我爱我家+"为载体的小城镇环境综合整治行动使楚门的乡容镇貌不断提升,人居环境得到极大改善;"一老(老旧工业区)一小(小微园)"的蝶变不仅改善了生产生活环境,更有效推动了经济转型升级。2016年"楚洲人才梦工场"已创造经济产值9600多万元,入园、虚拟入园电商企业销售额达1.8亿元[①];此外,历史文脉的传承始终贯穿在环境综合整治过程之中,社会治理的现代化程度得到了持续提升。楚门镇在经济、社会、文化、生态环境等多个方面均取得了良好成效,先后荣获全国重点镇、全国文明镇、全国卫生镇、全国环境优美乡镇、浙江省最具吸引力小城市等多项国家、省、市级荣誉称号(表8-4)。

玉环市楚门镇小城镇环境综合整治典型做法及成效　　　　　　　　　　　　表8-4

楚门镇	环境整治	经济发展	社会治理	文化建设
典型做法	基础设施建设与综合整治强化相结合; 水、陆、空全方位立体化整治; "我爱我家+"行动	"一老一小":改造拆除老旧厂区,建设小微企业园区; 建设"楚洲人才梦工场"等众创空间	群众参与+乡贤力量+政府引导	文创街区打造; 现代文化产业体系建设; "政府+服务机构+文化礼堂+志愿者"的公共文化服务模式; "文化礼堂+服务机构+志愿者"的公共文化服务管理模式
取得成效	人居环境极大提升	生产生活环境改善; 经济转型升级; 经济产值提升	社会治理现代化程度持续提升	历史文脉始终贯穿环境整治过程; 文化氛围浓厚

8.3.2　工业主导型城镇——温岭市大溪镇

大溪镇位于温岭市域西部,2017年城镇建成区面积6.37km^2,镇域常住人口约18.9万人,建成区常住人口约3.7万。从20世纪80年代中后期开始,大溪镇以泵与电机、注塑和

_____

① 据不完全统计。

鞋业三大支柱产业为主的各类企业逐步兴起，从而有了中国水泵之乡、中国水泵电容器之乡、中国日用品塑料之乡等称号。目前，大溪镇在册企业超过2000家，2018年该镇经济综合实力为省内第29名，名列"全国千强镇"第164名。

作为工业主导型城镇的典型案例，大溪镇推出了零门槛"飞地"政策、"工业地产"和小微园模式。零门槛"飞地"政策是通过对零星建设土地的复垦，按照一定比例置换出新的成片完整的建设用地作为工业创业园空间，由于"飞地"的选择不考虑用地面积的大小，从而实现了创新零门槛。以岙增张"飞地"工业园区为例，该项目的所在村即为"飞入地"，其相应利益的获取有两种方式：一是传统方式，即将被征地村的征地总面积按一定比例返还村留地，并可在工业地产项目范围内切块安排村留地；二是申请回购工业厂房，即经村民代表会议或股份经济合作社社员代表会议讨论通过后，被征地村集体享受回购政策，不再享受村留地政策，以成本价购买与征地面积成一定比例的建筑面积。据初步预估，90亩的土地征用大约可获得26100m²的工业厂房购置权，资产价值可达8000万元。

"工业地产"政策：该项目开发是一项企业孵化政策，即根据亩均产值增幅，向年产值亿元以上或两、三年内承诺年产值突破亿元的企业提供专项资金奖励（"亿元企业培育计划"）和土地补偿的政策。随着五峰一期、沙岸一期、担屿、潘岙、金岙等政府主导的工业地产创业园完成建设（图8-5），预计可落实200家企业集聚发展。小微园建设：近年来，随着沙岸、坎头等2个小微园的建设完成（图8-6），大溪镇全面完成了"淘汰一批、提升一批、入园一批"的整治任务。此外，大溪镇还将立足工业企业综合效益评价办法，进行企业动态跟踪，引导企业走规范化发展道路，将环境大幅变革、产业高质提升、发展空间有效扩大的成效继续放大。

图8-5　金岙工业地产图

图8-6　坎头小微园区

大溪镇的小城镇环境综合整治工作突出了产业整顿强力、高效的特点。通过摸排调查，有效打击了不符合标准的"作坊式"企业，累计拆除面积600余万平方米，腾退企业1078家。通过零散"飞出地"复垦、比例置换等举措让出新的集中成片完整的建设用地，实现土地资源盘活和集约化利用，同时为村集体增加了收入，该镇第一阶段"飞出地"超过1000亩,这也意味着第一阶段就有1000多亩零星土地重焕生机。开发"工业地产"、加快建设工业小微园,使腾退企业进驻到安全、环保、规范的园区内部进行生产的举措,均为大溪镇工业企业提供了健康的发展空间及政策和资金上的有力支持,同时对企业转型升级起到倒逼作用,提升企业发展竞争能力。除此之外,大溪镇通过出台多项优惠扶持政策,培育了更多的亿元企业,从而形成了集聚效应,进一步优化了产业链(表8-5)。

温岭市大溪镇小城镇环境综合整治典型做法及成效　表 8-5

典型做法	零门槛"飞地"政策	"工业地产"政策	小微园建设
具体内容	对零星土地复垦,按照一定比例置换出新的成片建设用地作为工业创业园空间	根据亩均产值增幅,向企业提供专项资金奖励	加快建设小微企业园,使腾退企业进驻到安全、环保、规范的生产空间
取得成效	有效打击"作坊式"企业,腾退问题企业 1078 家; 大量闲置土地资源得到盘活利用; 村集体收入增加; 为工业企业提供健康发展空间及政策资金支持,倒逼企业转型升级; 产业集聚效应扩大,产业链优化,工业经济持续发展		

8.3.3　旅游主导型城镇——天台县石梁镇

石梁镇位于天台县北部山区,地属丘陵,处天台山之巅,是浙江省海拔最高的建制镇。该镇行政区域面积17020hm^2,建成区面积0.5km^2,2017年户籍人口为16062人,镇域常住人口6000人,GDP为3.1亿元。

在小城镇环境综合整治行动中,石梁镇主要实施的措施有:①准确定位,制定高标准规划。石梁镇明确镇区为天台山旅游次集散中心的定位,突出村景融合、农旅融合与

图 8-7　十字天街

图 8-8　A 级旅游公厕

文旅融合等,规划了以十字"天街"为核心的功能服务集中区(图8-7)。该服务区东连绿城室内滑雪场——冰雪体验综合体,西接莲花小镇高端康养生活区,东动西静,休闲于中。

②美丽装扮, 做出特色化气质。以轻民国风格完成临街立面改造, 在镇区景观游步道中植入"唐诗之路"、汉高察纪念亭等艺术小品, 打造有故事的风情街区, 并通过开展"追寻北山记忆"活动, 筹建乡愁拾遗馆。③配套提升, 强化服务性功能。石梁镇为发展旅游业积极完善配套基础设施, 现已建成2个A级旅游厕所(图8-8), 1个生态化停车场, 2个露营基地, 投资1200万元的农旅服务中心总体完工, 绿城室内滑雪场即将动工。④业态植入, 提升小城镇活力。石梁镇积极推出优惠政策, 开展全员招商, 仅云端小镇全球招商启动仪式现场签约高达6.08亿元; 镇区所在集云村成立旅游发展公司, 通过整合农家乐及其他旅游业态形成规模发展基础; 引入马楚比楚高山酒吧、慢生活艺术知音草堂、红石梁酒文化体验中心、民宿工艺大院等一批文化休闲体验类项目, 提升街区业态, 同时通过整治倒逼和政策引导推动原有业态从服务原住民为主转向主要服务外来游客, 引导不符合旅游六要素的业态搬离主街区。

石梁镇瞄准"镇区景区化、景区全域化"目标, 高标准、加速度推进大拆大整、大改大建, 着力打造云端上的世界旅居小镇。通过牢牢锁定"云端就是高端, 心游才是旅游"的定位, 树立精品意识, 高标准、强有力地推进景观提升、节点打造、项目建设和业态植入。集云村也于2017年成功获得浙江省3A级风景区、省级休闲旅游示范村等称号。石梁镇在合理利用资源的基础上, 充分挖掘文化元素, 为打造美丽经济带和文化示范区, 建设世界级的高山度假小镇夯实基础(表8-6)。

天台县石梁镇小城镇环境综合整治典型做法及成效　　　　　　　　表8-6

典型做法	准确定位	独特气质	配套提升	业态植入
具体内容	明确镇区为天台山旅游集散中心定位; 规划以十字"天街"为核心的功能服务集中区	民国风格临街立面改造; 风情街区; 乡愁拾遗馆	A级旅游厕所; 生态化停车场; 农旅服务中心; 绿城室内滑雪场等	全员招商; 成立旅游发展公司; 引入多样化文化休闲体验类项目等
取得成效	强有力地推进景观提升、节点打造、项目建设和业态植入; 夯实世界级高山度假小镇建设基础			

8.3.4　农业主导型城镇——黄岩区北洋镇

北洋镇位于黄岩区西部, 长潭水库周边, 行政区域面积66.79km², 建成区面积7.74km², 镇域常住人口34920人, 建成区常住人口6148人。经济发展方面, 北洋镇以高科技农业、观光农业为主导产业, 是浙江省首个特色农业观光小镇, 2017年GDP达7.56亿元。

北洋镇充分发挥其生态优势、积极利用山水资源, 不断推动现代特色农业向观光、

图8-9　蓝美庄园

图8-10　绿沃川现代化农业

休闲、旅游、教育、康养等产业延伸，形成了包括蓝美庄园、浙江甲丰生态农业园、绿沃川农场、中德生态农场在内的特色农业项目集群。蓝美庄园作为当地浙商回归的代表项目，总占地1300亩，首期投资达1亿元，是以旅游产业为基础，集四季采摘、四季赏花、亲子娱乐、农业体验、度假休闲于一体的大型农业休闲综合体（图8-9）；同时，该农场满足了"有3~15岁小孩的家庭"的出游需求，把传统农事体验+休闲旅游、科普教育+休闲旅游、采摘+休闲旅游等细化，成功打造了台州著名的农业+休闲旅游+教育+文化的"田园综合体"。庄园日均吸引游客5000人次以上，春节期间每日人流量保持在2万人次左右。在推动当地经济发展方面，蓝美庄园流转农村土地约1300亩，平均每年为附近村民增加了70万元左右的土地租金。此外，北洋镇的绿沃川现代化农业工厂利用悬挂移动式栽培床进行草莓无土栽培，从种植到采摘、销售，彻底颠覆了传统农业的生产模式（图8-10、表8-7）。

北洋镇以小城镇环境综合整治为契机，通过科学的政策指引及合理的规划安排，利用特色农业的龙头企业发挥带动作用，汇聚了一批集农业生产、加工研发和高新技术于一体的展示中心，不断引导产业向集约化、机械化、区域化发展，全面提升了特色农业竞争力和区域品牌影响力，不断为当地社会经济发展引爆新的增长点。

黄岩区北洋镇小城镇环境综合整治典型做法及成效　　　　表8-7

典型做法	农业休闲综合体	现代生态农业
具体内容	蓝美庄园：以旅游产业为基础，集四季采摘、四季赏花、亲子娱乐、农业体验、度假休闲于一体的大型农业休闲综合体	绿沃川农场：颠覆传统农业生产模式的草莓无土栽培农业工厂； 浙江甲丰生态农业园、中德生态农场等特色农业项目集群
取得成效	农业产业不断集约化、机械化、区域化； 特色农业竞争力提升； 区域品牌影响力提高； 地区经济不断增收； 成功打造浙江省首个特色农业观光小镇	

8.3.5　一般型城镇——仙居县上张乡

上张乡位于台州市西部,作为仙居县的"南大门",是一个九山半水半分田的山区乡,建成区面积仅0.4km²。2017年,上张乡乡域常住人口1.03万人,户籍人口1.37万人,建成区常住人口1382人,户籍人口1476人。2017年上张的GDP为1.64亿元,整体经济实力在全省范围内相对薄弱,主导产业尚不明显,属于一般型城镇。

在小城镇环境综合整治过程中,上张乡认真贯彻省、市、县有关工作部署要求,以配套基础设施为抓手,结合整治项目清单,通过创新机制、强化措施推进整治行动向纵深发展,最终实现"美貌换新颜"的美丽蜕变。回顾上张乡的整治工作,可以概括为以下五个方面:①四结合、兼内外,小城镇建设"秀外慧中"。立足"慢生活休闲小镇"总体定位,上张乡牢牢把握小城镇环境综合整治行动这一重要契机,将新农村建设、三改一拆、红色元素及特色产业等工作紧密结合,促进自身跨越发展。②建机制、抓落实,小城镇整治速度与激情同步。上张乡积极探索实施三化"街长制"模式,推动整治工作由"突击战"向"阵地战"成功转变。项目挂帅点将,统筹协调促进行动高质提速推进。以汇报督察并举的考核机制倒逼行动落实。发动多元化宣传教育,营造人人参与的良好整治氛围。③治脏乱、净空间,小城镇环境"刷新颜值"。通过配强集镇区保洁队伍、完善保洁员考核制度,落实农村垃圾分类试点村建设,实现全乡垃圾日产日清,同时通过开展散养畜禽整治行动等举措建立卫生保洁长效机制。"河长制"、劣V类小微水体及"六小行业"整治、水系清淤疏浚行动、生活污水截污纳管四措并举,狠抓五水共治。健全爱卫组织,创新机制,牢抓重点,成功创建"台州市卫生乡镇"。④治乱象、破顽疾,小城镇管理"破旧立新"。通过"秩序卫士"集镇整治行动,妥善开展"道乱占""车乱开""线乱拉""低小散""房乱建"整治,环境卫生面貌、经营秩序等方面得到了大幅好转。⑤治乡容、提镇貌,小城镇容颜"破茧化蝶"。重拳整治沿街立面,投入400多万元完成主要道路沿线共计50000多平方米的立面改造。(图8-11)通过滨水漫步道建设、分类垃圾桶发放、公共厕所拆旧建新、排污管道新设及破损低洼路段修复等举措完善基础设施配套。积极开展植树增绿、见缝插绿、拆违补绿、拆墙透绿行动,打造小景观点200余处,大幅提升绿化水平,人居环境得到改善。

除此之外,上张乡整治行动还突出了四大亮点:①结合新农村改造拉开小城镇建设格局。小城镇规划与新农村规划同步推进,合理规划居住、商贸、休闲、公共设施板块,打造生态停车场、村口景观点、慢生活休闲广场及主题文化中心等,重点提升其作为乡政治和经济中心的公共服务承载能力与经济发展服务能力(图8-12、图8-13)。②结合"三拆

图8-11　沿街立面改造前后对比

一改"腾出小城镇建设空间。在治危拆违行动中，集镇内拆除危旧房屋、乱搭厂棚15000余平方米，为休闲广场、农贸市场等公共设施提供土地空间，同时，新增绿化8000余平方米，年代建筑也通过修复提升重获新生，持续彰显独具中国传统色彩的乡村建设文化。上张乡的拆改行动均在有效提升人居环境的同时推进了拆后土地的高效集约化利用。③结合红色元素凸显小城镇人文内涵。上张乡红色历史底蕴深厚，曾获"省级爱国主义教育基地""省级国防教育基地"等荣誉称号，在整治行动中，上张乡牢牢把握红色元素与旅游产业的融合，通过村口景观点、文化中心、仙居县委旧址纪念馆、红色展厅、国防教育馆、红色体验基地等红色元素的连点成线，形成长约6km的红色记忆走廊，结合配套设施的完善及红色地标的打造，全面提升旅游接待能力及人文内涵，达到"内外兼修"。④结合特色产业推动小城镇可持续发展。上张乡境内山清水秀、风光旖旎，素有"国家级生态乡""省级森林城镇"之称（表8-8）。整治行动中绿道网的建设农特产展销中心的建造及各类节庆、赛事的举办，均为推进以富硒农业、田园观光、休闲体验为主的现代农业和乡村旅游的融合发展以及村美民富新上张的打造蓄势助力（图8-14）。

图8-12　生态停车场

图8-13　慢生活休闲广场　　　　　　　　　　　　　　图8-14　绿道网

仙居县上张乡小城镇环境综合整治典型做法及成效　　　　　　　　　　　　　表8-8

上张乡	五大举措	四大亮点
具体内容	四结合、兼内外，小城镇建设"秀外慧中"； 建机制、抓落实，小城镇整治速度与激情同步； 治脏乱、净空间，小城镇环境"刷新颜值"； 治乱象、破顽疾，小城镇管理"破旧立新"； 治乡容、提镇貌，小城镇容颜"破茧化蝶"	结合新农村改造拉开小城镇建设格局； 结合"三拆一改"腾出小城镇建设空间； 结合红色元素凸显小城镇人文内涵； 结合特色产业推动小城镇可持续发展
取得成效	城镇面貌提升；人居环境改善；居民增收致富新渠道逐步搭建；文化底蕴凸显；整体发展可持续化等	

第 9 章　总结与建议

9.1　台州市小城镇环境综合整治经验总结

9.2　台州市小城镇环境综合整治模式创新

9.3　台州市小城镇环境综合整治的不足

9.4　政策建议

第9章　总结与建议

9.1　台州市小城镇环境综合整治经验总结

9.1.1　五态融合，系统推进

台州市小城镇环境综合整治中坚持"五态融合"的
理念，由形态塑造引发生态、社态、文态、业态的全面
整治与复兴，为台州市的产业转型升级、社会和谐发展、
文化脉络延续提供系统推进的思路（图9-1）。"五态融
合"以理念引领、空间重塑、文化挖掘、业态转型和长效
治理为主要内容，不仅激活了城镇发展的核心动力，也
为台州市打造"山海水城、和合圣地、制造之都"奠定了

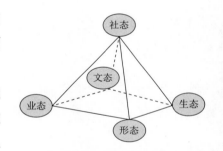

图9-1　五态融合共生机制示意

坚实基础。"五态融合"不仅是实现小城镇可持续发展的必由之路，也是浙江省未来实施
"美丽城镇"行动的现实要求。

在生态改善方面，提出生态创新的新理念和新技术。其核心是抓住基层社会治理中
"人"这一核心要素，将传统生态治理模式与环境保护、绿色发展的思想结合；在开展镇
区水环境治理，提升水环境质量的同时，也在工农产业发展中坚持绿色、低碳、循环发展
的理念；着力于生态环境的治理、生态技术的运用、生态产业的培育，从而营造出"水清、
岸绿、镇美"的小城镇生态环境，构建富有"山海水城"气息的城镇生态新典范。因此，生
态是理念，为台州市小城镇的全面治理提供了可行的思路框架。

在形态优化方面，聚力城镇物质环境的特色化打造。将精力、财力等优势资源集中投
向特色镇容镇貌的整改工作，留住台州人记忆中的乡愁故土。通过空间结构优化和总体风
貌提升实现小城镇物质环境空间更新，为城镇的功能复兴奠定坚实的基础。因此，形态
是基础，为小城镇的功能复兴提供物质空间载体。

在文态彰显方面，重视文化基因的利用与传承。在充分挖掘和合文化、海洋文化、古镇文化、农耕文化等文化元素的过程中，各种特色文化得到保护、修复和传承，从而成为凝聚人心的精神阵地和休闲旅游的重要载体，形成了城镇经济和社会发展的"软支撑力"。特别是对于文旅产业而言，工农业由于被赋予更多的文化内涵，让百姓记得住乡愁，游客读得出历史，从而有助于推动产业的转型升级。因此，文态是基因，文化基因的研究和表达是文化竞争的制高点，也是小城镇整治工作持续推进的保障。

在业态提升方面，基于小城镇特色产业基础推进三产融合与转型升级。首先，大力发展工业，通过全面开展"低散乱"整治提升行动，综合采用"聚、退、转、改"等多种方式，有序推进老旧工业区块产业转型升级，逐步实现高质量工业化目标；其次，发展现代高效农业，引进和培训现代职业农民，通过社会资本推动农业产业结构调整，进一步赋予农业更高的附加值；最后，结合台州的产业特色推进一、二、三产业的融合，从而带动城乡一体化发展。因此，业态是根本，台州小城镇环境综合整治以产业发展倒逼环境整治，以环境整治振兴产业发展，打通"绿水青山"向"金山银山"的转化通道。可以说，小城镇环境综合整治既是重要的民生工程，也是推动特色产业发展壮大的重要抓手。

在社态协作方面，推行"五级联动、社会参与"的"协作治理"模式。省、市、县、镇四级政府和村委五级垂直指挥，相互分工、上下互动，实现了管理的常态化、长效化，产生了良好的社会效应。包括民众对政府执政能力的认同感增强、社会秩序有效改善、社会凝聚力明显提升等。因此，社态是关键，是保障小城镇环境综合整治工作顺利开展的重要前提，也是持续保持整治成果的关键。

9.1.2　协同共建，多方共赢

台州市小城镇环境综合整治的实现得益于政府部门自上而下的治理和企业、居民自下而上的配合。政府部门和企业、居民在小城镇环境综合整治中表现出协同共进的特点，三者的目标和作用既不是相互对立也不能相互取代，而是逐渐走向相互适应、彼此合作，最终多方联合的互惠共生关系。这种关系不仅可以促进企业经济转型的发展、居民生活水平的提高，同时也有助于政府服务机制的完善和整治绩效的提升（表9-1）。

政府作为政策制定和执行的主体，是小城镇环境综合整治的重要推动力。在制度层面上，政府以环境塑造、风貌整治、秩序管理为抓手，制定了《小城镇环境综合整治技术导则》《台州市小城镇环境综合整治行动信息宣传工作计划》《台州市大抓小城镇环境综合整治项目行动方案》等一系列规章制度，同时辅以奖励补贴政策，控制和约束了企业与居民有损小城镇环境改善的行为，实现了经济发展、产业升级、环境提升、民生改善等多项目目标，政府公信力亦得到极大增强。具体表现为民众参与整治行动的主动性有效增强、对政府行为有效性和实干性的信任感逐步提升等。

台州市小城镇综合整治各行为主体发挥的作用和取得的成效　　　　表 9-1

		政府（政策制定执行主体）	企业（政策落实配合主体）	居民（政策响应、配合和监督主体）
协同共建（作用）	制度层面	政策支持、交通管理	改善服务	保障参与
	行为层面	控制约束、奖励补贴	完善管理	配合执行
	物质层面	环境塑造、风貌整治、秩序管理	技术创新	意识转变、改善环境
多方共赢（成效）	—	经济发展 产业升级 环境提升 民生改善	利润提升 转型升级 生产空间优化	收入增加 人居环境提升

企业作为政策落实配合的主体，是小城镇环境综合整治重要的参与者和获益者。企业通过积极配合"取缔低小散和家庭作坊"、主动腾退"低小散"生产空间、进入政府统一筹建的小微园等，倒逼了自身的转型升级，推动了现代化的生产、管理与运营方式。同时，在当前追求技术创新的重要发展时期，物质环境空间的改善有助于增强城镇对于专业化人才的吸引力和创新要素的集聚力，使得企业的获利空间大幅提升，核心竞争力持续增强。

居民是政策落实配合的主体，同时也是响应监督的主体。小城镇环境综合整治在很大程度上改变了人们的生活方式，提升了人们的生活品质；人居环境的改善进一步带动了房屋租金的增长，居民收入得到增加；整治成果不仅惠及于民，同时也在潜移默化中影响着民众的认识与行为，利于民众增加其对所在城镇的自豪感、归属感和认同感。在认知水平不断提升的基础上，一旦归属感、自豪感及认同感形成并巩固，居民对于所在乡镇的主人翁意识及责任意识便会得到激发，从而带来居民素质的提升，民众也会更主动地参与到社会建设及成果维护中去。可以说，从政府自上而下动员的被动式参与到自下而上的主动式响应监督，居民参与社会治理意识的转变是自身素质提升的表现，也是社会进步的体现。

总而言之，台州小城镇环境综合整治工作赢得了群众的广泛赞誉，开创了各主体的多赢局面，是小城镇建设发展的一项有益探索。

9.2　台州市小城镇环境综合整治模式创新

台州市的市级政府，上承国家和省，下接县（市、区）和镇，其核心作用是解读国家战略理念和浙江行动策略，并将其落实到具体行动之中。台州并不局限于当"二传手"，而是创造性的制定政策保障和要素支撑，进而从"二传手"成功转变为"中场核心"。这一转变有着三方面意义：第一，将国家战略和浙江行动落到实处；第二，充分发挥市一级政府的创造性和能动性，开创性的为小城镇出台政策，为全面快速推进小城镇整治夯实基础，使得相关政策能够快速有效的落地；第三，发挥技术优势，整合资源，从创新规划到督查帮扶等，都充分体现了台州市本级的积极性与能动性。

9.2.1　机制创新

台州市在小城镇环境综合整治期间开创了多部门组织联动、多环节运行推进、全方位要素支撑的机制创新（图9-2）。

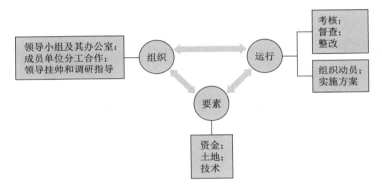

图 9-2　台州市小城镇环境综合整治机制创新

多部门组织联动。在"浙江省小城镇环境综合整治办公室"的统一领导下，台州各区迅速开展小城镇环境综合整治行动，成立市级小城镇环境综合整治行动领导小组，下设包含7个工作组的整治办公室。通过明确分工、明晰责任，以29个部门多方联动推进系统工作开展。市委书记和市长双负责的"双组长制"更有助于整治行动持续深化；县层级紧跟其后，专门设置整治办，部分区、市还设立了环境综合整治工作委员会（环综委）来优化资源调配，提升行政工作效率；除此之外，台州市的"领导调研"制度、"市领导联系乡镇"制度及"双联系"制度均有效激发了各级政府的积极性，从指导、协调、保障、实施、监管等多环节保障了小城镇环境综合整治行动的实施。

多环节运行推进。台州小城镇环境综合整治行动在运行机制中全面涵盖了组织动员、实施方案、行动计划制定、宣传推广、现场推进及监督考核等多个环节。通过市级动员大会推动整治工作深化，以实施方案明确整治行动指导思想，用行动计划指明整治行动的主要任务和具体举措，辅以长短期舆论宣传，从而确保整治行动具有成效，为"三年计划两年完成"目标的成功实现提供保障。在监督考核环节上，台州市引入"三级考核"制度、

"3+1"督导模式排名通报和考核评价等三项机制对整治过程予以严格监督,对成果进行精准把控,这不仅激励了各主体投身整治工作,同时也保障了整治行动整体有序、高效地开展。

全方位要素支撑。小城镇环境综合整治作为一项系统工程,得到了政府和社会在土地、技术、资金等要素方面的有力支持。土地要素层面,通过政策引导、"拆、租、征"结合、产权处置等举措,台州市对用地空间谋划及产权处置做出了有益探索;人才要素层面,台州市所采取的外部引进、内部培养、帮扶机制、驻地服务等策略模式有效破解了乡镇政府专业人才储备少、基础薄弱的问题;资金要素层面,台州市积极探索和拓宽融资渠道,形成了"政府性资金+投融资平台+社会工商资本"为一体的多层次、多渠道和多元化格局,为整治行动提供强有力的资金保障。

9.2.2　内容创新

以"一加强三整治"全面落实治理。通过两年多的实践,台州市一大批小城镇经过环境综合整治后,面貌焕然一新,人居环境水平得到了极大提升。在这一过程中,台州市各级政府按照"高起点、高标准、高规格"的要求做优规划,统筹推进整治项目的有序实施。社会各界见证了规划在小城镇环境综合整治行动中发挥的重要引领作用,从根本上认可了规划的重要性,也对该项整治行动的重大意义形成了广泛的社会共识。在加强规划引领的同时,台州市严格把握"三整治",通过环境卫生整治、城镇秩序整治、乡容镇貌整治达到了洁化、序化、美化的治理效果。除此以外,台州市还在"一加强三整治"的基础上融入了"文化"这一发展要素。通过挖掘和保护历史文化、打造"一镇一品"、完善公共文化设施、运用文化元素等举措加强文化基因的彰显,体现了"和合圣地"的文化底蕴,使得小城镇能够更高质量整治、更有特色提升、更可持续发展(图9-3)。

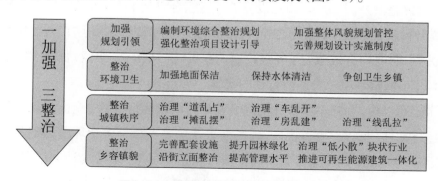

图9-3　台州市小城镇环境综合整治内容创新

9.2.3 路径创新

以物质更新促进功能复兴。在小城镇环境综合整治中,台州市从物质空间入手提升乡镇风貌、改善功能设施、塑造环境品质和文化内涵,为小城镇的功能复兴奠定扎实基础。具体来说,通过争创卫生乡镇,治理"道乱占""车乱开""摊乱摆""房乱建""线乱拉"等现象,整治"低小散"块状行业等举措,实现小城镇的洁化、序化、美化及文化。"四化"作为小城镇功能复兴的空间载体,对小城镇的功能打造起到重要的支撑作用。由此,台州小城镇在形态上实现了空间结构优化和总体风貌提升,生态上践行了绿色发展理念,文态上将文化基因与休闲旅游相结合打造了文化小镇,业态上通过整治"低散乱"打造了多个经济小镇,社态上构建出"协作治理"框架、改善了社会风貌、提高了政府服务效率。基于物质更新的内容(四化整治),基本实现了小城镇功能复兴的发展目标(五态融合)(图9-4)。

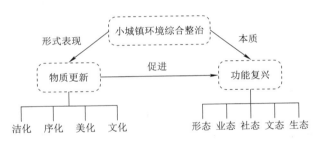

图9-4 台州市小城镇环境综合整治路径创新

9.3 台州市小城镇环境综合整治的不足

审慎观察当前台州市小城镇综合整治的实践探索,在取得积极成效的同时依然存在一些不足。

(1)环境卫生零星反弹。台州市开展小城镇环境整治工作的主要对象是城区和一些主要街道,对于这部分的"脏乱差"治理取得了显著成效,但在一些城乡接合部、偏僻的背街小巷等地方还存在着卫生死角;多部门联合执法队伍尚未形成对"六乱"行为的高压整治态势,部分乡镇马路市场、占道设摊经营、街面水槽、乱搭乱建、"牛皮癣"等现象零星反弹;在一些观念落后的偏远地区还普遍存在"线乱拉""道乱占""车乱开""摊乱摆""房乱建"等现象。

(2)城镇秩序管理有待加强。小城镇环境综合整治主要依靠城镇管理部门,现有在编制内的城管执法人员已经不能满足乡镇环境综合整治工作的需求,城管人员长期的超负荷工作导致环境综合整治成果维护不佳。尽管部分乡镇（街道）聘用编外执法人员来缓解小城镇环境综合整治工作的压力，解决管理队伍力量薄弱的问题，编外队伍没有受过正统的培训，存在着整体文化程度不高、综合素质较低、执法能力不强及方式方法不科学等问题。

（3）部分城镇风貌特色缺失。台州市部分乡镇（街道）在营造地域特色的入口景观和特色标志物、整治优化道路系统和区域风貌改善等方面效果显著。但一些乡镇（街道）在进行特色打造的时候，忽视了乡镇的地域环境，不同地域的乡镇互相模仿，导致城镇风貌趋同、特色风貌丧失，形成千镇一面的局面。

（4）规划设计研究尚存不足。目前台州市小城镇环境综合整治的重点在于微观环境更新、基础设施优化与城镇风貌调整，整治规划内容的界定多集中于城镇物质空间的实体层面。然而，城镇环境的整体格局与风貌定位离不开对城镇总体发展定位与功能要求的依托。城镇总体定位层面的研究与分析缺失，难免造成城镇环境整治总体方向的迷失与偏离。

9.4　政策建议

台州市以小城镇环境综合整治行动为抓手，通过"洁化""序化""美化""文化"等物质更新举措推动"形态""业态""文态""生态"和"社态"等方面的功能复兴。回顾以往，展望未来，台州市在取得小城镇环境整治成效明显的基础上，将继续以美丽城镇为蓝图，高质量打造全市城乡融合、全域美丽的新格局。为此，本书聚焦于美丽城镇的"五美"内涵，从环境、生活、产业、人文和治理等方面提出相应的建议（图9-5）。

图9-5　未来台州市小城镇整治与建设思路

9.4.1　深化长效管理机制，重视群众参与程度

环境上，深化长效管理机制。在小城镇环境综合整治成效基础上，持续加强城镇区块划分治理，结合"四个平台"建设，健全基层执法体系，强化部门协同配合、条块融合，形成合力，重点做好环境卫生大清扫、背街小巷整治提升、"赤膊墙"消灭、"空中蜘蛛网"清理规范等工作。严格执行奖惩制度，加强对小城镇管线建设的日常巡查，发动社会各界、广大群众参与监督，重点查处违规架设、胡乱附挂、私拉乱接和影响镇容镇貌、城

镇秩序的各类管线建设行为,努力实现"线乱拉"日常管理的全覆盖,并对镇区的主次干道、背街小巷、重点路段等实行包干责任制;积极购买社会服务,将"牛皮癣"清理等服务外包,由专业团队进行清理,并加强日常管控。

治理上,重视群众参与程度。未来应以转变群众观念为前提,通过专版专栏报道,全面反映城镇建设与整治工作的阶段成效,总结经验案例、树立样板标杆。充分发挥各级主流媒体、新闻网站、微信端和基层文化站(点)的工作主动性和能动性,组织开展形式多样的宣传活动,从而消除群众思想误区、增强群众参与意识,不断将城镇整治工作贴近群众,形成全民参与的良好氛围。依托大数据,探索智慧管理,引导群众积极参与城镇环境综合整治,提升综合整治的深度和广度,推动形成现代城镇治理体系。

9.4.2 补齐基础设施短板,加强城镇分类引导

生活上,补齐基础设施短板。天台县、椒江区、临海市、温岭市等台州市城市化水平较高、经济发展状况较好的地区,本地居民更加注重对高品质生活质量和体验式消费环境的追求,因此,这类区域的城镇更需要充分利用现代信息技术,全面提升公共文化服务效能,完善影剧院、图书馆、青少年活动中心、综合文化中心等文化设施的建设,逐步满足城镇居民享有的文化权益。仙居县、三门县等地区近年来大力发展旅游业,但相关商业配套功能尚未健全,未来需要加快超市、农贸市场、商场、酒店、餐饮服务等商业设施的布局优化和建设水平,持续提升服务功能,从而打造高质量的旅游消费环境。

功能上,加强城镇分类引导。台州市小城镇已形成明显的分化趋势,在量大面广、发展不均的发展特征下,实现统筹管理下的分工定位,引导小城镇由"分化"走向"分工",对城镇进行分类引导是前提。首先,需要形成一个维护地方合理发展权的分类考核机制,其重心是以差异化的发展目标、特色化的成长路径来评价地方政府的工作成效,以此鼓励地方政府根据市场需求和自身优势选择发展路径。台州市小城镇可分为综合发展型、工业主导型、旅游主导型、农业主导型、一般型五种类型,引导不同类型城镇按照自身的资源环境优势、开发潜力差异引入适宜的产业项目。在此基础上,针对不同类型的城镇提出分类引导的政策建议。

1. 综合发展型城镇

综合发展型小城镇依托相关政策、交通区位或自身发展优势等因素,带动了经济社会发展和基础设施建设的发展。该类城镇产业结构较为完整,处于发展的较高级阶段,因

此，这类小城镇不仅应在城镇体系中发挥地区引领作用，也应站在打造区域经济新的增长极的高度审视自身定位。"高端要素集聚"应该成为该类小城镇新时期的战略目标，即吸纳创新、投资、研发等高端要素集聚，成为推动地方产业集聚、产业创新和产业升级的重要平台，在小城镇与大城市、县城协调发展的城镇群网络中发挥重要作用。

2. 工业导向型城镇

工业导向型小城镇应充分立足台州"制造之都"的发展目标，注重通过现有经济能级来激发潜力要素和发展资源，通过经济增长带动城镇的社会发展。一方面，由于该类城镇多具有优越的交通资源，可以充分发挥其对外交通优势，合理布置其生产要素和市场的空间关系，并有效利用土地资源进行开发。另一方面，该类城镇也要正视传统县域经济增长模式造成的现实困境，积极拓展小城镇发展的新动力，如建立支持小城镇培育壮大特色产业和新兴产业的激励机制，提供土地、财政、税收、金融、技术、人才等政策支持。由于台州市该类型城镇数量众多，因此，在区域城镇体系和区域空间结构的优化中，应着重考虑工业型小城镇的定位和作用。

3. 农业导向型城镇

农业导向型城镇相对而言经济发展水平较低，未来台州市应努力发展一批农业经济专业镇，以转变县域经济弱镇的发展路径。由于台州成熟的农业主导型城镇相对较少，因此政府的引导作用至关重要。具体而言，政府的工作重心应立足于完善基层的农业服务网络，思考如何更好地服务本地农业的现代化进程，如挖掘本地的农业资源、创造地区产品优势、提升农业公共品供给等；以现代农业中的规模农业、设施农业、休闲农业和智慧农业为核心构建农业体系，在发展现代农业的同时，使城镇形成生态和景观条件良好的自然环境。

4. 旅游导向型城镇

旅游导向型城镇应充分挖掘台州"和合圣地"和"山海水城"的历史文化底蕴，处理好开发与保护之间的关系，将自然秀丽风光、独特旅游产品与风情韵味小镇融为一体。通过对当地旅游资源的合理保护、开发、营销等方式增加城镇在区域中的辐射能力，提高城镇综合竞争力和综合知名度。与此同时，旅游导向型城镇必须正视激烈竞争的旅游市场环境，基于对乡土文化与自然环境的充分理解，导入生态与文化创意理念，注重旅游项目的精细化开发建设。一方面，通过文化渗入对小城镇旅游资源进行重构与利用，形成丰富的小城镇旅游业态和产品类型，提供多元化的旅游体验，丰富小城镇旅游开发产品体系；另一方面，将旅游开发项目充分融入城镇产业结构调整升级中，吸引文化创意、体育、商贸等新型产业进入小城镇，从而丰富和更新城镇的产业体系。

5. 一般型城镇

一般型城镇多指具有一定资源本底优势，但由于受经济、社会、区位等要素制约，各发展维度均未呈现出显著比较优势的城镇。为此，这类城镇在政府的有效引导下，能够充分利用自身发展优势与周边发展环境显得尤为关键。具体来说，一方面，该类城镇可以通过与周边强镇抱团取暖，打破行政壁垒，建立资源共享的互利模式与分工协作的合作机制，从而缓解自身经营主体缺资金、缺技术、缺机械、缺劳力的现实困境；另一方面，尝试以重大项目拉动，以本地或周边龙头企业带动，大力发展链型农业经济、创新农业规模化经营也可作为一般型城镇未来的发展思路之一。

9.4.3　打造全域特色精品，强化专属服务供给

人文上，打造全域特色精品。城镇建设不能脱离实际"一窝蜂"地推进，应因地制宜、发掘优势、找准定位、展现特色。通过深度挖掘各镇（街道）文化和自然生态特色，做好各镇（街道）入镇口、示范街、景观河道、绿地公园、传统街区等重要节点和地段的改造提升；同时，继续加大历史街区、文物建筑和历史建筑的保护力度，加强保护和传承非遗文化，营造浓厚的地域文化氛围，彰显城镇人文特色。具体而言，台州中南部地区应以特色小镇为平台，加快创建众创空间，发展新产业、新业态；北部地区应注重融入生态理念，结合当地文化特色、风情风貌和山水优势打造旅游风情小镇。

产业上，强化专属服务供给。虽然台州市通过小城镇环境综合整治已大幅度提升了公共服务设施的整体水平，但仍有部分与城镇产业发展密切相关的专属公共服务供给与实际需求错位。因此，未来城镇的基础公共服务设施需要更加注重居民生活的主体需求、乡镇产业的发展需求，提升基础设施和公共服务供给的民主化、科学化水平。具体来说，需要针对不同产业类型的需求进行专属的公共服务设施供给。

1. 增加科研试验设施，夯实产业研发基础

台州市小城镇多以传统工业和农业为主导产业，要实现其转型升级和健康发展离不开产业科技的创新，而科研试验设备是科技创新的支撑和保障，因此，提高科研试验设施类专属基础设施的供给力度尤为关键。

首先，由于大型科研设施所需的经费投入相当巨大，所以，在采购大型科研设施的过程中要注意以实际需求来制定采购计划，并且对其使用情况进行调研管理，有效规避重复购买的情况发生。其次，为了更好地实现资源共享，可以通过构建相应的信息网络平台提高其利用率。最后，科研相关工作人员是保障大型科研设施开放共享工作的主要因素，所以在制度的完善过程中，不仅要充分考虑调动相关人员工作积极性的有效激励措施，还要对其综合素质提升制定相应的培训管理制度，以此来促进科研水平的提升。

2. 成立职业培训院校，重视专业人才培养

针对台州多数城镇均存在的技术工人，尤其是高级技术工人短缺的现象，建设职业院校类的专属公共服务设施是重中之重。城镇发展需要加强自身的人力资源建设、实施乡村人才培育计划，从而重建乡村知识阶层、培育精英资源、充实乡村精英力量。

首先，需要推动职业教育和培训的市场化指导，切实做好岗位供需调查和分析研究工作，建立政府主导、部门协作、统筹安排、产业带动的技工培训学校和机制，提高生产技能和经营管理培训的针对性和实效性，培养一批适应现代产业发展、有乡土情怀的专业技术工人。其次，需要吸引乡贤反哺，鼓励大学生村干部、优秀基层干部、成功企业家、退休返乡干部、教师、返乡创业农民工以及热心乡村公益事业的各方社会贤达投身城镇建设，推动人才回乡、企业回迁、资金回流、信息回传，使优秀资源回到城镇、惠及城镇。再次，打造符合时代需求的职业教育实训基地，大力建设职业教育实训基地，依托科教城、示范区、产教园等类型的实训基地，着力培养学生实际动手能力，使学生"上手快、技术牢"，让企业"用得上、用得好"。最后，需要建立公开透明、公平公正的绩效考评和薪酬制度，提高技术工人的社会地位和经济待遇，畅通技术工人职业上升通道，从而增强其对于企业的满意度和忠诚度，从企业内部营造吸引人才、留住人才、爱惜人才的良好氛围。

3. 建设物流仓储中心，打通产品销售渠道

台州市现有的物流仓储中心供给不能完全满足产业发展的需求，这不仅体现在物流仓储中心的数量配比上，还体现在现代化水平和运输效率等多个方面。因此建议，首先，鼓励和支持中小物流企业发展，确保重点物流项目资金有保障，并加大物流基础设施的改造，推进多式联运等先进运输方式的发展。其次，支持采用政府推进、运营商主导、政府和社会资本合作等多种模式并进，鼓励金融机构加强产品创新和服务创新，通过多种方式支持引导物流企业发展；同时，引进先进的设施设备，加强仓储管理，提高工作效率，改变以手工操作为主的工作方式，积极使用现代化的信息技术和资源；另外，还需引

进精通设备的专业人员对其进行操作,如果引进的设备只追求先进而没有熟悉设备的专业人员,只会造成设备的闲置和成本的增加。最后,借鉴国内外物流企业中先进的仓储管理经验,及时弥补自身发展中的不足,加快提高仓储管理水平。

4. 提高特色设施质量,吸引高端旅游消费

台州市旅游导向型城镇普遍存在特色餐饮(饭店、酒楼等)和娱乐设施(文化表演等)供给质量不高的问题。为此,需要编制高质量的乡村旅游基础设施规划设计,凸显特色的创意策划项目,认真抓好规划的实施工作。同时,在政府部门规划指导下,进行旅游村的基础设施建设和乡村旅游接待的客房、厨房、厕所的改造,使更多的旅游者到乡下旅游的同时,也能体验到乡村旅游的建设和发展水平。另外,根据不同客户群体的要求设计与当地环境协调的旅馆、民居、小型娱乐场和购物店等,提高旅游服务设施的质量和品位,尤其应当注意停车场、停车位的设计和安排。各类乡村旅游设施建设应体现当地独特的历史文化特征,使乡村旅游活动贯穿于乡村旅游设施的各个环节。

附录　台州市小城镇环境综合整治调研问卷

　　您好! 为更好地促进城镇人居环境的改善和提升, 我们希望通过问卷调查深入了解您所在城镇的建设情况。本问卷仅用于小城镇环境综合整治研究, 保证完全匿名, 确保您的个人信息不泄露。请予以配合!

　　镇名: _____

（一）基本情况

　　1. 您的年龄?

　　A.25岁以下　　　　B.25~40岁　　　　C.41~55岁　　　　D.55岁以上

　　2. 您的受教育程度?

　　A.小学及以下　　　B.初中　　　　　　C.高中　　　　　　D.大专

　　E.本科及以上

　　3. 您了解政府开展的小城镇环境综合整治工作吗?

　　A.非常了解　　　　B.比较了解　　　　C.大概知道　　　　D.不太清楚

　　E.完全不知道

　　4. 您对该镇的整体景观（风貌, 街景等）是否满意?

　　A.非常满意　　　　B.比较满意　　　　C.一般　　　　　　D.不太满意

　　E. 完全不满意

　　5. 各类商业休闲设施（超市、商场等）在产品种类、层次等方面是否能够满足您的需求?

　　A.完全满足　　　　B.比较满足　　　　C.一般　　　　　　D.不太满足

　　E.完全不满足

　　6. 您认为该镇改造后的建筑风貌与旧建筑是否融合?

　　A.完全融合　　　　B.较为融合　　　　C.一般　　　　　　D.不太融合

　　E.很不融合

　　7. 您对该镇交通的便捷程度是否满意?

　　A.非常满意　　　　B.比较满意　　　　C.一般　　　　　　D.不太满意

E.完全不满意

8. 您是否了解该镇的人文景点、传统民俗与历史文化?

A.非常了解　　　　B.比较了解　　　　C.一般　　　　　　D.不太了解

E.完全不了解

9. 您近三年是否参与过该镇举办的民俗文化活动(文化节、演出等)?

A.多次参与(三次及以上)　　　　　B.较少参与(三次以下)

C.从未参与

10.您对该镇当前的城镇建设是否满意_____,居住环境是否满意_____,居民友好程度是否满意_____。

A.很满意　　　　B.基本满意　　　　C.一般　　　　　D.不太满意

E.很不满意

11.您是否为小城镇环境综合整治做过一些力所能及的事?(多选)

A.清扫道路　　　　B.整修房屋外壁、院落等　　　　C.修建道路

D.植树种草　　　　E.清理小广告或海报　　　　F.没有做过

G.其他_____

12.小城镇环境综合整治前,该镇乱扔垃圾、沿街道路乱占、车辆不按交通规则行驶等现象是否普遍?(是/否)。环境综合整治后,以上现象是否得到改善?(是/否)。是否有人监督?(是/否)。如果遇到以上行为您是否会制止?(是/否)。

13.您认为该镇最需加强以下哪些公共服务设施?

A.教育设施(幼儿园、小学、中学、中等职业培训学校)

B.商业设施(超市、农贸市场、商场、酒店、餐饮服务)

C.文化设施(影剧院、图书馆、综合文化中心)

D.体育设施(体育馆、健身房)

E.医疗设施(综合医院、专科医院、社区卫生中心)

F.交通设施(接驳公交、停车场)

G.市政设施(邮政设施、消防设施)

14.您所在的行业类型?

A.农业　　　　　B.工业　　　　　C.服务业

15.您的职位?

A.公司(企业)管理层　　　　　B.公司(企业)员工

如果您所在的行业类型为农业，请回答第 16~20 题；如果您所在的行业类型为工业，请回答第 21~24 题；如果您所在的行业类型为服务业，请回答第 25~26 题。

（二）农业

16.该镇的环境综合整治后，对于您所在的企业吸引高层次人才是否有帮助？（   ）。对于企业的转型升级是否有帮助？（   ）

A.有很大的帮助   B.有一定程度的帮助

C.基本没帮助   D.有负面影响＿＿＿＿＿＿

17.该镇的环境综合整治后，对于您所在企业的生产成本有什么影响？

A.生产成本大大降低   B.生产成本有一定程度的降低

C.基本没变化   D.生产成本有一定程度的上升

E.生产成本有很大的上升

18.针对农产品的研发环节，您希望政府加强以下哪些方面的公共服务设施供给？

A.农业科研、实验设施

B.农业培训设施（培训中心、职业技术学院等）

C.劳动力市场（农业科技与管理人才）

19.针对农产品的生产环节，您希望政府加强以下哪些方面的公共服务设施供给？

A.农业投融资平台、招商引资合作中心

B.农机租赁站

C.农药站、化肥站、种子站等农业供给服务站

D.农业种植、养殖设施

E.农业生产基础设施（水、电气等）

F.农业生产防治、检疫设施

20.针对农产品的销售环节，您希望政府加强以下哪些方面的公共服务设施供给？

A.物流仓储中心

B.信息化农产品买卖中心、农产品（成品）专业市场

C.非政府组织机构（供销社、合作社）

（三）工业

21.该镇的环境综合整治后，对于您所在的企业吸引高层次人才是否有帮助？（   ）。对于企业的转型升级是否有帮助？（   ）

A.有很大的帮助　　　　　　　　B.有一定程度的帮助

C.基本没帮助　　　　　　　　　D.有负面影响＿＿＿＿＿＿

22.该镇的环境综合整治后,对于您所在企业的生产成本有什么影响?

A.生产成本大大降低　　　　　　B.生产成本有一定程度的降低

C.基本没变化　　　　　　　　　D.生产成本有一定程度的上升

E.生产成本有很大的上升

23.针对产品的研发环节,您希望政府加强以下哪些方面的公共服务设施供给?

A.产品科研、实验设施

B.职工培训中心、职业技术学院等

C.劳动力市场

24.针对产品的生产和销售环节,您希望政府加强以下哪些方面的公共服务设施供给?

A.投融资平台、招商引资合作中心

B.咨询、法律、金融等中介服务中心

C.生产基础设施(供水、供电、排污等)

D.物流仓储中心

E.信息化产品买卖中心、成品交易市场

F.非政府组织机构(供销社、合作社)

(四)服务业

25.您认为该镇以下哪些旅游服务设施存在不足?

A.旅游集散中心

B.旅游信息咨询设施

C.地方文化服务(宣传)

D.旅游公共信息设施(交通指示标识、解说系统)

E.旅游安全保障设施(应急和救援设施、安全预警提示)

F.旅游市场公共管理设施(投诉与纠纷处理中心)

26.您认为该镇以下哪些旅游消费设施存在不足?

A.特色餐饮设施(饭店、酒楼等)　　B.特色旅店设施(宾馆、酒店等)

C.特色商业设施(超市、商场等)　　D.娱乐设施(文化表演等)

参考文献

[1]陈敬贵，曾兴.文化经济学[M].成都：四川大学出版社，2014.

[2]凤凰网浙江综合.破茧化蝶正当时 看新桥如何持续推进产业优化升级[EB/OL].[2018-05-15].http://zj.ifeng.com/a/20180515/6576339_0.shtml.

[3]罗文斌.中国土地整理项目绩效评价、影响因素及其改善策略研究[D].杭州：浙江大学，2011.

[4]刘海清，方佳.海南省热带农业现代化发展水平评价[J].热带农业科学，2013，33（1）：73-76，81.

[5]南秀全.极值与最值[M].哈尔滨：哈尔滨工业大学出版社，2015.

[6]台州市委办公室，台州市人民政府办公室.台州市小城镇环境综合整治行动实施方案[R].2016-11.

[7]吴建南，庄秋爽.测量公众心中的绩效：顾客满意度指数在公共部门的分析应用[J].管理评论，2005，17（5）：53—57.

[8]杨宇.多指标综合评价中赋权方法评析[J].统计与决策，2006（13）：17-19.

[9]浙江省委十三届五次全会.中共浙江省委关于建设美丽浙江创造美好生活的决定[R].2014-5.

[10]张雁云.“两山理论”的提出与实践[J].中国金融.2018（14）.

[11]中共台州市委办公室，台州市人民政府办公室.关于建立台州市小城镇环境综合整治行动领导小组的通知[R].2016-10.

[12]中共台州市委办公室，台州市人民政府办公室.关于建立小城镇环境综合整治行动市领导联系乡镇（街道）制度的通知[R].2017-11.

[13]中共浙江省委办公厅，浙江省人民政府办公厅.关于印发《浙江省小城镇环境综合整治行动实施方案》的通知[R].2016-9.

[14]中国经济网.顺应发展规律的战略谋划——写在浙江实施“八八战略”15周年之际（上）[EB/OL].[2018-7-18].http://www.ce.cn/.

[15]中华人民共和国国务院.国家新型城镇化规划（2014—2020年）[R].2014-3.

[16]中华人民共和国中央人民政府.中共中央国务院关于实施乡村振兴战略的意见[R].2018-2.

[17]中华人民共和国中央人民政府.乡村振兴战略规划（2018—2022年）[R].2018-9.

[18]中华人民共和国中央人民政府.中央农办、农业农村部、国家发展改革委关于深入学习浙江“千村示范、万村整治”工程经验扎实推进农村人居环境整治工作的报告[R].2019-3.

后 记

浙江省的小城镇建设一直走在时代前列，为浙江省的社会经济快速发展做出了突出贡献，也成为全国小城镇建设的示范样板。2016年以来，借助强化小城镇特色化发展的政策和小城镇环境综合整治行动，小城镇再次成为浙江省促进经济转型升级，推动都市区建设和城乡统筹发展的重要着力点。

在国家"美丽中国""乡村振兴"的发展战略的指导下，台州市委市政府积极贯彻落实浙江省委省政府小城镇环境综合整治行动总纲领，基于台州"山海水城、和合圣地、制造之都"的新定位，按照"三年计划两年完成"的总目标，市、县、镇三级联动，至2018年底，全市111个小城镇全部通过省级达标验收，达标率100%，共有34个省级样板，30个市级样板。台州是浙江省小城镇环境综合整治行动的先进地市，获得了上级和社会各界的肯定，为全面迎接小康社会提前做好了准备。

为总结和推广台州实践经验，特委托浙江工业大学团队详细解析台州市小城镇环境综合整治的总体思路、整治内容、体制机制、整治成效和城镇分类发展模式。本书有利于积极引导小城镇向"美丽城镇"升级，把环境整治与小城镇持续发展结合起来，形成城乡融合、全域美丽的新格局。希望借助本书出版，引发对小城镇发展问题的持续思考和讨论。

台州市小城镇环境综合整治行动领导小组办公室
2019年7月于台州椒江